园林景观工程工程量清单计价编制实例与技巧
（第三版）

张　舟　主编

中国建筑工业出版社

图书在版编目（CIP）数据

园林景观工程工程量清单计价编制实例与技巧/张
舟主编. —3 版. —北京：中国建筑工业出版社，
2022.9
ISBN 978-7-112-27754-4

Ⅰ. ①园…　Ⅱ. ①张…　Ⅲ. ①园林建筑-工程造价
Ⅳ. ①TU986.3

中国版本图书馆 CIP 数据核字（2022）第 144899 号

责任编辑：郑淮兵　王晓迪　时咏梅
责任校对：李辰馨

园林景观工程工程量清单计价编制实例与技巧
（第三版）
张　舟　主编

*

中国建筑工业出版社出版、发行（北京海淀三里河路 9 号）
各地新华书店、建筑书店经销
霸州市顺浩图文科技发展有限公司制版
北京建筑工业印刷厂印刷

*

开本：787 毫米×1092 毫米　1/16　印张：13　插页：1　字数：318 千字
2022 年 10 月第三版　　2022 年 10 月第一次印刷
定价：38.00 元
ISBN 978-7-112-27754-4
（39928）

编委会名单

主　编：张　舟
副主编：石　东　彭　晓
参　编：刘　颖　孔　怡　张　超　张　磊

前　　言

本书的最大特点：以实例个案诠释理论，以实例详算介绍定额。

本书是继我 1999 年首编的园林专业预算理论书籍《仿古建筑工程及园林工程定额与预算》后编著的一本实用性极强的专业书籍。在当今园林景观工程越来越为人们重视的情况下，工程造价知识越来越显示出它的重要性了。

此书打破了传统的理论书籍按照预算定额计价中章、节的介绍手法，大胆地采用了实践性、应用性极强的现实工作中常用的编制手法——个案逐一计算法来加以介绍，就是逐一按照绿化、小品的划分，以个案的形式介绍，即介绍相关的专业知识→个案所需的每一项工程量的计算规则→个案每项工程量的计算（精确到每一个尺寸的截取）→编制个案的工程量清单计价表。

翻开目录你会发现园林景观工程的项目已经涵盖在此书中。我们在从事了近四十年的园林预算教学与实践工作中，在总结了大量的工作实践经验的基础上，用这种方式对园林工程做了比较全面的介绍。这会使初学者学起来更加容易，对专业知识的掌握更加全面、透彻。

1999 年，我在编写了第一本园林景观专业书籍《仿古建筑工程及园林工程定额与预算》后就接到了很多读者的来信。希望能编制介绍一些实践性更强的，在计算中更加清楚地介绍园林景观专业实例的书籍。也正是看到了读者这种强烈的愿望，才有了今天在积累了大量实践经验基础上的更具学习和实际参考价值的本书。

本书 2005 年出版了第一版，受到广大读者的认可和欢迎，后又四次印刷，发行近万册。2013 年，新的国家工程量清单计价规范颁布实施，据此我有针对性地对某些计算及对书中发现的问题进行了调整，作为本书的第二版出版。2022 年，应读者要求，也为适应社会发展，我在前两版的基础上略做调整，增加了海绵城市景观实例。

由于是首编园林专业预算清单报价实例的书籍，编者水平有限，书中又多是计算和数字，可能多有不足，还请园林界的同仁批评指正。

本书在出版过程中得到了中国建筑工业出版社的时咏梅、郑淮兵、王晓迪三位编辑的大力支持，在此表示谢意。

目　　录

第一章　工程量清单的编制

一、什么是工程量清单

工程量清单是依据建设行政主管部门发布的统一工程量计算规则、统一项目划分、统一计量单位、统一编码并参照其发布的工料机消耗量标准编制构成工程实体的各分部分项的、能提供标底和投标报价的工程量清单文本。它是投标人按照一定的计量规则，将合同规定的工程的全部项目和内容按工程部位、性质进行合理分解，以明确工程的内容和范围，并将这些内容数量化的一套工程量细目表。工程量清单是合同文件之一，它反映出每一个相对独立项目内容和概算数量，通常以每一个体工程为对象，按分部分项工程列出工程数量。

二、工程量清单编制的依据

工程量清单报价是指，在建设工程施工招投标时，招标人依据工程施工图纸，按照招标文件要求，以统一的工程量计算规则为投标人提供实物的工程量项目和技术措施项目的数量清单（该清单反映了工程拟建情况、拟建数量）。

工程量清单应当依据招标文件、施工设计图纸、施工现场条件和国家制定的统一工程量计算规则、分部分项工程项目划分、计量单位等进行编制。

三、工程量清单报价的作用

（一）工程量清单报价是一种体现公开、公平竞争定价的计价方法

工程量清单计价反映了工程实物消耗和有关的费用，采用工程量清单编制的标底和投标报价反映的是工程的个别成本，而非定额的社会平均成本计划。同时工程量清单计价将实体消耗费用和措施费分离，施工企业在投标中技术水平的竞争和管理水平的竞争能够分别表现出来，充分发挥出施工企业自主定价的能力，改变了现有定额中有关约束企业自主报价的限制。长期以来，我国园林工程采用"量价合一，固定收费"的政府指令性计价模式，报价的施工企业不能通过自己的技术专长、施工设备、采购材料优势、企业管理水平等优势来报价。因此，采用工程量清单报价强化了信誉高、实力强的大中型企业在市场中的竞争力，使我国园林建设市场的竞争更加规范、公平、合理。

（二）工程量清单报价有利于工程"质"与"量"的结合，有利于实现风险的合理分担

园林建设工程作为一个特殊的产品，它具有个体生产周期长、构成实体复杂、实物生

长过程变数多、风险因素多等特点。采用工程量清单报价后，业主就承担了工程量的计算误差和变更风险，强化了质量、工期、造价三者的相互关系。

（三）工程量清单报价可以强化合同与结算的管理，规范招标投标行为

合同是承包单位在工程施工过程中的最高行为依据。工程施工过程中的所有活动都是为了履行合同内容。合同管理贯穿工程实施的全过程和各个方面。实行工程量清单报价后，一旦投标人中标，工程量清单将成为合同文件的重要部分。业主与承包人的经济关系几乎全部是通过工程量清单的形式联系起来的。因此，工程量清单是工程支付工程进度款和工程竣工结算时调整工程量的重要依据。同时，工程量清单报价可以消除编制标底给招投标活动带来的负面影响，促使投标企业把主要精力放在加强内部管理和对市场各种因素及竞争对手的分析中去，这既有利于企业廉洁自律又可以净化建筑市场的投标行为。

（四）实行工程量清单报价有利于工程造价管理人员素质的提高

实行工程量清单报价对计价人员的专业素质、知识结构是个考验和挑战。由于园林建设产品具有复杂性和技术性高等特点，影响工程造价的确定和控制因素较多。另外，由于市场竞争形成了价格机制，也要求工程造价管理人员拥有一定的经济理论知识、过硬的技术水平，能够运用理论知识分析和预测市场风险和园林建设产品价格运行机制。因此，实行工程量清单报价后，对强化工程造价管理人员的继续教育，提高他们的专业素质和技术水平，将起到一定的推动作用。

四、实施工程量清单报价的意义

（1）推行工程量清单报价是深化工程造价管理改革，推进园林建设市场化的重要途径。长期以来，工程预算定额是我国承发包计价、定价的主要依据。1992 年为了适应建筑市场改革的要求，针对建筑预算定额的编制和使用中存在的问题，提出了"控制量，指导价，竞争费"的改革措施。但随着建筑市场化进程加快，这种做法难以改变工程预算定额中国家指令性内容比较多的状况，难以满足招标投标竞争定价和评审合理低价中标的要求。因此，跳出传统的工程预算定额编制以及预算计价方法模式，探讨适应招标需要、推行适应于市场经济发展变化需要的工程量清单报价方法是十分必要的。

（2）在工程招标投标中实行工程量清单报价是规范园林建设市场秩序的治本措施之一。工程造价是工程建设的核心内容，也是建设市场运营的核心内容。长期以来，建设市场上存在许多不规范行为，大多与工程造价有直接关系。过去工程预算定额在承发包工程计价、调节承发包双方利益和反映市场价格需求方面存在不相适应的地方，尤其在公开、公平、公正竞争方面，还缺乏合理完善的机制。推行工程量清单报价，有利于贯彻执行"企业自主定价，市场形成价格，政府间接调控，社会全面监督"的方针。充分发挥市场经济应有的调节、选择、激励和导向的作用。选择和配置优势资源，淘汰劣势资源，推动建筑业健康发展，真正体现招标投标的经济性、效率性及公平性，同时也有利于规范业主在工程招标中的计价行为。

（3）实行工程量清单计价使工程评标及造价更趋合理。实行工程量清单报价后，需要对原来的以定额计价为基础的标底编制、投标报价、评标方法和评标标准以及施工合同管理进行相应的改革和完善。采用工程量清单报价更能反映工程实物消耗和有关费用，易于结合工程的具体情况进行计价和评审。把过去传统的以预算定额为基础的静态价格模式变为将各种经济、技术、质量、进度、市场等因素充分细化，考虑单价中的"动态价格"形式。因此，工程量清单报价更能反映工程的真实个别成本，进而使评标人在评标过程中能更准确和合理地按照《招标投标法》、国务院七部委发布的《评标委员会和评标方法暂行规定》精神，在有限的评标时间内，作出合理的判断，避免给评标人造成不必要的麻烦。

（4）工程量清单报价更有利于国有投资和国有控股投资项目的造价管理。国有投资项目作为政府及部门履行其职能的一种重要手段，在我国的经济活动中起着非常重要的作用，也受到全社会密切关注。实行工程量清单报价，避免了国有投资和国有控股投资项目发生如造价不合理、拖欠工程款、盲目压级压价，特别是责、权、利关系不对等的问题。从制度和方法上、从源头上杜绝项目投资建设中资金留有缺口的状况。同时，也是工程造价计价管理方式改革的措施之一。

（5）工程量清单报价满足了与国际接轨的需求。工程量清单报价在国际上是一个成熟的方法。很多国家在项目招标中都是采用清单形式的，我国香港特别行政区基本都是采用这种方法。随着我国加入世界贸易组织后，在全球经济一体化趋势和国际竞争日益激烈的形势下，园林建设市场将进一步对外开放。为建设市场主体适时创造一个与国际惯例接轨的市场竞争环境，使之尽快适应国际竞争，在我国工程项目招投标活动中实行工程量清单形式已势在必行。因此，推行工程量清单报价，是与国际惯例接轨，开放建设市场的需要。这对于规范我国建设工程招标行为，整顿建设市场秩序，进而规范市场经济秩序有着深远的意义。

五、实施工程量清单报价的优势

（1）由于工程量清单报价明确地反映了工程的实物消耗和有关费用，因此，这种计价模式易于结合建设工程的具体情况，变现行以预算定额为基础的静态计价模式为将各种因素考虑在单价内的动态计价模式。

（2）采用工程量清单报价有利于合理分担风险，明确承发包双方的责任。

（3）由于采用工程量清单报价模式，发包人不需要编制标底，所以，工程量清单报价有利于消除编制标底给招标活动带来的负面影响，促使投标企业把主要精力放在加强企业内部管理和对市场各种因素的分析及建立企业内部价格体系上。

六、工程量清单的编制

工程量清单是表现拟建工程的分部与分项工程项目、措施项目、其他项目名称和相应数量的明细清单，是一种用来表达工程计价项目的项目编码、项目名称和描述、单位、数量、综合单价、合价的表格。工程量清单报价就是根据招标人提供工程量清单表格中的项目编码、项目名称和描述、单位、数量四个栏目，由投标人完成单价、合价两个栏目的报价。

工程量清单报价要求投标单位根据市场行情和自身实力对工程量清单项目逐项报价，工程量清单报价采用综合单价计价，综合单价中综合了工程直接费、间接费、利润和税金等其他费用。工程量清单报价应包括清单所列项目的全部费用，包括分部分项工程费、措施项目费、其他项目费和规费、税金共五项内容。

目前工程量清单报价均采用综合单价形式。综合单价中包含了工程直接费、工程间接费、利润和应上缴的各种税费等。其中"工程直接费"可以理解为定额中的直接费。一言以蔽之就是大综合，不像以往定额计价那样先有定额直接费表，再有材料价差表，还有独立费表，最后再计算出总的造价。采用工程量清单报价的形式显得更简单明了，更适合工程的招投标。

七、对工程量清单报价的审定

发包人在评标之前，按照所发出的招标文件和造价管理部门发布的相似工程的市场报价，对招标工程所有费用进行自我测算，编制成内部标底，这样，既知道了招标工程的预期价格，又对投标报价的高低心中有数。现在的招标评标惯例是合理低价中标，但低标工程带来的后果是质量、工期得不到保证，现实中有很多此类问题，发包人在清标过程中要有所重视。

清标就是把各投标单位的清单报价进行汇总分析，得出各项目的相对报价，同内部标底进行对比，其结果可能就是社会平均成本，清标的重点有以下几项：

（1）对照招标文件，查看投标人的投标文件是否完全响应招标文件。

（2）对工程量大的单价和单价过高于或过低于清标均价的项目要重点查。

（3）对措施费用合价包干的项目单价，要对照施工方案的可行性进行审查。

（4）对工程总价、各项目单价及要素价格的合理性进行分析、测算。

（5）对投标人所采用的报价技巧，要辩证地分析判断其合理性。

（6）在清标过程中要发现清单不严谨的表现所在，妥善处理。

针对以上这些，在清标过程中如发现问题或不合理现象，都应在答辩会上提出，由投标人作出解释或在保证投标报价不变的情况下，由投标人对其不合理单价进行变动。

八、工程量清单的结算

工程结算，对承发包双方来说，是确定双方盈亏多少与投资增减的一项关键工作。

工程结算的一般原则应以合同为依据，尊重事实，公正、合理，主要工作有以下几项：

（1）实际完成工程量的核定。

（2）设计变更、现场签证等证明文件的合理、合法性认定和变更工程量的量、价认定。

（3）按合同规定的质量、工期等要求进行索赔与反索赔工作。

上述第二项工作是争议最多的一项，也是结算审核的重点，更是控制工程造价的关键。

首先，设计变更指令应有完整的同意下达的签署意见，有发包人、监理方所盖公章以及工程变更部分的工作验收记录。

现场签证中，签认人是否有授权，是否超过其权限，与合同规定有无冲突，有无公章等，都是审查的要点。

变更工程单价的认定一般在合同中都有规定的计算格式。

工程量清单计价的不断推行和工程量清单计价规范的完善和补充，将更有利于工程造价的改革，有利于建筑市场经济秩序的规范。

第二章　园林绿化工程工程量清单的编制

一、绿化工程相关知识介绍

园林营造在我国历史悠久，博大精深，既有人工山水园也有天然山水园，前者是在平地上开凿水体、堆筑假山，配以花木栽植和建筑营构，把天然山水风景缩移摹拟在一个小的范围之内；后者则是利用天然山水的局部或片断作为建园基址，再辅以花木栽植和建筑营构而成园林。中国古代园林可分为皇家园林、私家园林和寺观园林。从地域角度又可分为江南园林、岭南园林、北方园林等。

园林绿地是园林必不可缺的一部分，它在园林中占有很重要的位置。园林绿地可分为公共绿地、专用绿地、保护绿地、道路绿化和其他绿地。其中，公共绿地可分为一般绿地、公园、综合公园、文化休息公园、森林公园、儿童公园、街头公园、体育公园、名胜古迹公园、居住区公园、滨水绿地、植物园、动物园、野生动物园、植物观赏园、游乐园等；专用绿地可分为一般专用绿地、住宅组团绿地、楼间绿地、公共建筑绿地、工厂绿地和苗圃绿地等；保护绿地可分为一般保护绿地、防风林带、海岸防护林、水土保持绿化带、固沙林带等；道路绿化可分为一般道路绿化、行道树、林荫道、分车带绿化、交通岛绿化和交通枢纽绿化等；其他绿地可分为国家公园、风景名胜区和保护区。

（一）有关园林绿地的相关知识

绿化率：绿地在一定用地范围中所占面积的比例。它是城市绿地规划的重要指标之一。

绿化覆盖率：各种植物垂直投影占一定范围土地面积的比例。它是衡量绿化量和反映绿化程度的数据。

规则式园林：园林布局采用几何图案，多采用有明显的中轴而且左右均衡对称的布局形式的园林式样。我国传统的寺庙、陵园及皇家园林中处理朝政的部分多采用这种形式。

自然式园林：园林布局按照自然景观的组成规律采取不规则形式布局的园林式样。它通过对自然景观的提炼和艺术加工再现了高于自然的景色。

混合式园林：按不同地段和不同功能的需要在一座园林中规则式和自然式园林交错混合使用。它对地理环境的适应性较好，也能满足不同活动的需要，它既可以显现庄严规整的格局，也能体现活泼生动的气氛。

园林建筑：建筑的一种类型，又是园林整体的组成部分。它在形式、体量、尺度、色彩、质地方面必须服从环境，并与其他景物协调统一，与外界空间密切结合，相互渗透，并充分利用视觉上的对比及对体量、距离等可能产生的错觉，创造丰富优美的风景线。比如园林中的厅、廊、榭、亭等。

园林设施： 园林绿地中直接服务于游人的各种固定和可移动的设备或成规模的器械，例如座椅、指路牌、果皮箱和洗手器等。

（二）有关园林植物配置的相关知识

孤植： 园林绿地中配置单株的树木，以其姿态、色彩构成独有的景色。它往往位于构图中心，成为视线焦点。它一般种植于草坪中、林缘外、水塘边或建筑物的一旁。

群植： 植物配置中选择几株或十几株同一种树木或种类不同的乔木、灌木组成相对紧密的构图。这种种植的搭配要符合美学规律，并要掌握各种植物不同的习性，利用它们之间不同的色彩、体形和姿态营造丰富多彩的视觉感。

绿篱： 密集种植的园林植物经过修剪整形而形成的篱垣。常用的植物有常绿桧柏、大叶黄杨、紫叶小檗、金叶女贞等。

绿廊： 用攀缘植物覆盖的走廊式通道。一般通廊取其绿荫或植物的花朵、叶色供游人休息和观赏，或作为分割空间增加景物层次。常用骨架材料有木制、铁制或混凝土。常用植物有五叶地锦、爬山虎、紫藤、七里香等。

花坛： 把花期相同的多种花卉或不同颜色的同种花卉种植在一定轮廓的范围内，并组成图案的配置方法。一般设置在空间开阔，高度在人的视平线以下的地带。所种植的花草要与地被植物和灌木相结合，给人以层次分明、色彩明亮的感觉。

花台： 将地面抬高几十厘米，以砖石矮墙围合，在其中栽植花木的景观设施。它能改变人的欣赏角度，发挥枝条下垂植物的姿态美，同时可以和坐凳相结合供人们休息。

花钵： 把花期相同的多种花卉或不同颜色的同种花卉种植在一个高于地面具有一定几何形状的钵体之中。常用构架材料有花岗石材、玻璃钢。常见的钵体形状有圆形高脚杯形、方形高脚杯形等。钵体常与其他花池相连构成一组错落有致的景观。

草坪： 栽植或撒播人工选育的草种、草籽，作为矮生密集型的植被，经养护修剪形成整齐均匀的表层植被，具有改善环境，阻滞降水的地表径流，防止水土流失，补充地下水，净化地面水的作用。一般常见草种有高羊茅、白三叶等。

模纹： 用多种常绿植物以自然式风格交错配置，种植在一些大型广场和立交桥下，形成不同的自然式的曲形绿带。

垂直绿化： 利用攀缘植物绿化墙壁、栏杆、棚架等。攀缘植物有缠绕类、卷须类、攀附类和吸附类。利用垂直绿化可降低墙面温度，对室内起降温和保温作用，减少噪声反射。

山石景观： 用自然石堆砌的假山和人工塑造的山体形成的山石景观。

（三）与绿化工程相关的知识

胸径： 是指距地面 1.2m 处的树干直径。

苗高： 指从地面到顶梢的高度。

冠径： 指展开枝条幅度的水平直径。

条长： 指攀缘植物从地面起到顶梢的长度。

年生： 指从繁殖起到刨苗时止的树龄。

树木养护： 指城市园林乔、灌木的整形、修剪及越冬保护。

色带： 是指由苗木栽成带状，配置有序并具有一定的观赏价值。

栽植： 指园林栽种植物的一种作业，包括：起苗、搬运、种植。根据季节又可分为春季栽植（3月中旬到4月下旬）、雨季栽植（7月上旬到8月上旬）、秋季栽植（8月下旬到11月中旬）。

植树工程： 包括乔灌木的栽植、土壤改良和排水、灌溉设施的铺设。工作内容包括放线定位、起苗、运输、修剪、栽植和养护管理。

裸根栽植： 落叶树冬春季节一般采用栽植方法。其特点是重量轻、包装简单、省功力、成本低、可以保留较多的根系。应注意搬运时要包裹严密，不能及时栽植时要假植，干燥多风时要对树根蘸浆保护。

带土栽植： 一般用于常绿树或须根极细易损伤的落叶树。此法不损伤根系，并可保持水分，根与土壤不易分离，易成活。但包装、搬运成本较高。

大树移植： 移植已定植多年的大树。移植时，应尽量多带根系，土质为黏土时带土移植，可用软包装材料，沙质土或移植较大的树木时需用板箱包装。栽植时应严格掌握深度。

树木假植： 移植裸根树木时，如不能及时栽植，要用湿润的土壤暂时掩埋根部。

植树季节： 一般分为春季植树和冬季植树、秋季栽植、雨季栽植、非休眠期栽植。应选择树根能再生和枝叶蒸腾量最小的时期。

草坪的铺种： 种草可采用播种、栽根和铺草块的方法。施工时要考虑当地的气候条件和土壤条件，并考虑不同地段的光照情况。草坪一般分为观赏型、功能型和覆盖型。

（四）与绿化养护相关的知识

乔木修剪： 包括整理树形、理顺枝条，使树冠枝繁叶茂，疏密适宜，能充分发挥观赏价值的同时又能通风透光，减少病虫害的发生。一般可分为无主轴形和有主轴形。同时行道树还要解决好与交通、电线之间的矛盾。

灌木修剪： 为保持灌丛状态的一种修剪方法。主要是更新老枝，使上下枝叶都能丰满。对当年生枝上开花的应在花开后剪去过长的枝条，对秋季孕蕾的应在夏季休眠期剪去长枝。

绿篱修剪： 是按照所需高度截取主干并逐年修剪侧枝，使上下侧枝茂密，株形整齐丰满。一般修剪应在每年的春季萌动前和雨季休眠期。

草坪养护： 包括灌水、施肥、剪草、打洞、除杂草、清枯草、虫害防治和维护等工作。使草坪生长茂盛，并满足观赏和功能方面的各种要求。

园林植物虫害防治： 根据虫害的生物学特征和发生发展规律而制定综合防治的技术措施，适时开展以化学防治、生物防治为主的防治方法。

（五）与绿化植物相关的知识

针叶树： 叶针形或近似针形树木。一般指叶小型的裸子树种，常见的有雪松、白皮
松、水杉、云杉、侧柏、龙柏等。

阔叶树： 叶形宽大，不呈针形、鳞形、线形、钻形的树木。大部分是被子植物，既有
乔木也有灌木。常见的有广玉兰、海棠、碧桃、丁香、合欢、石榴等。

常绿树： 四季常绿的树木，它们的树叶是在新叶长开之后老叶才逐渐脱落，常见的有
松、柏、杉、苏铁、黄杨等。

落叶树： 春季发芽，冬季落叶的树。包括的种类很多，如裸子植物、被子植物、乔灌
木等。

乔木： 树体高大，而具有明显主干的树种。常见的有银杏、雪松、云杉等。

庭荫树： 栽植在庭院里、广场上用以遮蔽阳光的一种树木。常见的有玉兰、合欢、银
杏、白蜡等。

攀缘植物： 攀附或顺着别的物体方可向高处生长的植物。是园林绿化中用作垂直绿化
的一类常见植物。按攀缘方式可分为缠绕式、卷曲式、吸附式、攀附式。常见
的植物有紫藤、牵牛、葡萄、五叶地锦、常春藤等。

观赏植物： 指形、叶、花、枝、果任何部分都具有观赏价值，专以审美为目的而培植
的植物。常见的有龙柏、龙爪槐、牡丹、菊花、龟背竹、秋海棠、变叶木、法
国梧桐等。

观花植物： 指花朵艳丽、花形奇特或具有香气、可供观赏的植物。常见的有牡丹、石
榴、米兰、樱花、桂花、木槿等。

观果植物： 以果实为主要观赏对象的植物。常见的有罗汉松、山楂、佛手、柑橘、石
榴、金银木等。

观叶植物： 以叶形、叶色为观赏对象的植物。常见的有金叶女贞、无花果、常春藤、
文竹、吊兰、芦荟等。

露地花卉： 凡生长与发育等生命活动能在露地条件下完成的花卉。常见的有百日草、
凤仙花、一串红、牵牛花、美人蕉、水仙、杜鹃、月季等。

宿根花卉： 多年生草本观赏植物，是当年开花后地上部分的茎叶全部枯死，地下部分
的根茎进入冬眠状态，转年春季继续萌芽生长，生命可延续多年的花卉。常见
的有石柱、牡丹、菊花等。

球根花卉： 多年生草本观赏植物中，凡根与地下茎发生变态而膨大成球形或块状的花
卉。常见的有郁金香、水仙、美人蕉、晚香玉、唐菖蒲等。

一年生花卉： 早春播种，夏秋开花，秋季种子成熟，整个生命周期在当年完成，直至
冬季枯死的草本观赏植物。常见的有百日草、鸡冠花、万寿菊、凤仙花等。

两年生花卉： 秋季播种，转年春季开花，夏季结实，而后枯死，整个生命周期需要跨
年度完成的草本观赏植物。常见的有三色堇、雏菊、紫罗兰、石竹等。

水生植物： 在旱地里不能生存，只能自然生长在水中，多数为宿根或球茎的多年生植
物。常见的有荷花、睡莲、菱角、旱伞草等。

地被植物： 株形低矮，枝叶茂盛，能覆盖地面，可保持水土，改善气候，并有一定的

观赏价值的植物。常见的有铺地柏、小叶黄杨、紫穗槐等。

草坪植物：适合于草坪生长、应用的一类植物。常见的有结缕草、早熟禾、黑麦草等。

二、相关的绿化工程计算规则

（1）基价所列的计量规则：胸径是指从地表向上 1.2m 高处树干的直径。苗高是指从地面至梢顶的高度。冠径是指枝展幅度的水平直径。年生是指从繁殖起至刨苗时的时间。

（2）新工栽植与大树移植规格的划分：落叶乔木胸径在 15cm 以内者为新工栽植，胸径在 15cm 以外者为大树移植；常绿乔木苗高在 450cm 以内者为新工栽植，苗高在 450cm 以外者为大树移植。

（3）平整绿化用地系指垂直方向处理厚度在 30cm 以内的就地挖填找平；当处理厚度超过 30cm 时，应按挖土或填土基价子目计算。

（4）平整绿化用地是对不需要换土所采用的基价子目；如需换土的绿化用地，不得采用此项基价子目。

（5）基价中的挖土方分一般土和砂砾坚土两类。

（6）大树移植基价分不换土和换种植土两大类，又分裸根、带土球、装木箱三种。其装木箱所用木材、钢丝绳等主要材料是按 1/3 摊销。

（7）新工绿化养护基价子目所包含的定额时间为年，即连续累计 12 个月为一年；若分月承包则按表 2-1 中系数执行：

分月承包系数表 表 2-1

时间/月数	1	2	3	4	5	6	7	8	9	10	11	12
系数	0.20	0.30	0.37	0.44	0.51	0.58	0.65	0.72	0.79	0.85	0.93	1.00

（8）伐树，挖树根，砍挖灌木丛，清除草皮项目包括：砍、伐、挖、清除、整理、堆放。

（9）平整绿化用地项目包括：标高在 ±30cm 以内的就地挖填找平。就地的范围指人力能抛掷的距离。

（10）栽植裸根落叶乔木、带土球常绿乔木、散生竹、丛生竹、裸根灌木、带土球灌木、独株球形植物项目包括：修坑施肥，修剪整形，栽植（扶正、回土、捣实、筑水围），浇水，覆土保墒，清理竣工现场。

（11）栽植单排绿篱、双排绿篱、片植绿篱、色带项目包括：修沟施肥，修剪整形，栽植（排苗、回土、筑水围），浇水，覆土保墒，清理竣工现场。

（12）栽植攀缘植物项目包括：修坑施肥，栽植回土，捣实浇水，覆土保墒，清理竣工现场。

（13）栽植水生植物项目包括：清淤泥土，搬运栽植，放水养护，清理竣工现场。

（14）铺种草皮项目包括：翻土整地，清除杂物，施肥，搬运草皮，铺草皮（草籽播种），浇水，清理竣工现场。

（15）栽植露地花卉、花坛花卉，植物造型项目包括：翻土整地，清除杂物，施肥放样，栽植浇水，清理竣工现场。

（16）起挖裸根大树项目包括：起挖修剪，打浆，枝干整理，吊装运输，回土填坑等。

（17）起挖带土球大树项目包括：起挖修剪，土球包扎，枝干整理，吊装运输，回土填坑等。

（18）栽植裸根大树项目包括：挖坑施肥，吊卸落坑，扶正回土，支撑固定，筑围浇水，覆土保墒，清理竣工现场。

（19）栽植带土球大树项目包括：挖坑施肥，吊卸落坑，包扎拆除，扶正回土，支撑固定，筑围浇树，覆土保墒，清理竣工现场。

（20）移植装木箱大树项目包括：起挖修剪，木箱制安，枝干整理，吊装运输，回土填坑，挖坑施肥，吊卸落坑，木箱拆除，扶正回土，支撑固定，筑围浇树，覆土保墒，清理竣工现场。

（21）绿地障碍物拆除项目包括：拆除，整理，堆放。

（22）人工挖树坑、绿篱沟、绿带沟、管沟项目包括：挖土抛于坑、沟以外或装车，修整底边。

（23）人工挖片植绿篱、色带、露地花卉、草皮地土方项目包括：挖土，装车，修整底边。

（24）挖土机挖土自卸汽车运土项目包括：挖土机挖土，清理机下余土，装车，修整底边，自卸汽车运土，养护汽车行驶路线。

（25）铲运机铲运土项目包括：铲、运土，卸土及平整，修理边坡。

（26）推土机推土项目包括：推、运、平土，修理边坡。

（27）铺设塑料淋水管项目包括：切管，调直，对口，粘接，管道及管件安装。

（28）铺设混凝土淋水管项目包括：找泛水，清理，铺管，调制砂浆，接口，养护。

（29）铺淋水层项目包括：分层均匀铺平。

（30）裸根乔木、裸根灌木假植项目包括：挖沟排苗，回土浇水，覆土保墒，遮阴管理。

（31）人工换树坑种植土项目包括：装土，运土，卸土到坑边（包括100m运距）。

（32）人工换绿篱沟、绿带沟种植土项目包括：装土，运土，卸土到沟边（包括100m运距）。

（33）人工换片植绿篱、色带、露地花卉、草皮地种植土项目包括：装土，运土，卸土到需土地点，铺平（包括100m运距）。

（34）花池、花坛人工填种植土项目包括：装土，运土，填土到花池、花坛内，铺平（包括100m运距）。

（35）树木支撑项目包括：木、铁支撑制作，安装，绑扎牢固。

（36）落叶乔木、散生竹新工养护项目包括：中耕除草，整地施肥，修剪剥芽，防病除害，加土扶正，支撑加固，清除枯枝，环境清理，灌溉排水，设施养护。

（37）常绿乔木新工养护项目包括：中耕除草，整地施肥，修剪整形，防病除害，加土扶正，支撑加固，清除枯枝，环境清理，灌溉排水，设施养护。

（38）丛生竹、灌木、球形植物新工养护项目包括：中耕除草，整地施肥，修剪整形，防病除害，加土扶正，支撑加固，清除枯枝，环境清理，灌溉排水，设施养护。

（39）单排绿篱、双排绿篱、片植绿篱、色带新工养护项目包括：中耕除草，整地施肥，修剪整形，防病除害，加土扶正，支撑加固，清除枯枝，环境清理，灌溉排水，设施养护等。

（40）攀缘植物新工养护项目包括：中耕除草，整地施肥，修剪牵缘，防病除害，加土扶正，支撑加固，清除枯枝，环境清理，灌溉排水，设施养护等。

（41）露地花卉、花坛花卉、植物造型新工养护项目包括：中耕除草，整地施肥，修剪整形，防病除害，加土扶正，支撑加固，清除枯枝，环境清理，灌溉排水，设施养护等。

（42）水生植物新工养护项目包括：分枝移植，翻盆（缸）施肥，换水清塘，修剪整形，防病除害，缺苗补植，清除枯枝，环境清理，设施养护等。

（43）草皮新工养护项目包括：割草修边，清除草屑，挑除杂草，空秃补植，防病除害，环境清理，灌溉排水，设施养护等。

（44）落叶乔木防寒项目包括：搬运，绕干，余料清理。

（45）常绿乔木、球形植物、绿篱、色带防寒项目包括：搭拆防寒墙架，拆除后材料场内地堆放和场外运输等。

（46）灌木、木本花卉、宿根类花卉防寒项目包括：加土，拍实。

（47）砌井项目包括：浇筑混凝土垫层，调制砂浆，砌砖井，断管，浇筑井口，抹内井壁，搓缝，清理现场，100m以内材料运输。

（48）伐树、挖树根项目应注明树干胸径。

（49）砍挖灌木丛项目应注明丛高。

（50）整理绿化用地项目应注明土壤类别、土质要求、取土运距、回填厚度。

（51）栽植乔木项目应注明乔木种类、乔木胸径（苗高）、养护期。

（52）栽植竹类项目应注明竹种类、竹胸径（根盘丛径）、养护期。

（53）栽植灌木项目应注明灌木种类、冠丛高（冠径或苗高）、养护期。

（54）栽植绿篱项目应注明绿篱种类、篱高、行数、养护期。

（55）栽植攀缘植物项目应注明植物种类、养护期。

（56）栽植色带项目应注明苗木种类、苗木株高、养护期。

（57）栽植水生植物项目应注明植物种类、养护期。

（58）铺种草皮项目应注明草皮种类、铺种方式、养护期。

（59）栽植片植绿篱项目应注明苗木种类、苗木株高、养护期。

（60）栽植花卉项目应注明花卉种类、养护期。

（61）大树移植项目应注明大树种类、大树胸径（苗高）、起挖方式、运输方式、养护期。

（62）在计算人工挖土方（除人工绿带沟，管沟以外）及人工换种植土工程量时，设计有要求，应按设计要求进行计算；设计无要求，可按"绿化工程相应工程规格对照参考表"的规格进行计算。

（63）绿化用地需做排盐处理，需做淋水管、淋水层，应按"铺设淋水管、铺淋水层"的相应基价子目计算。

（64）在栽植工程中遇有组合式球形植物时，可按绿篱的相应规格基价子目计算。

（65）树木需做支撑，应按"树木支撑"的相应基价子目计算。

（66）树木需做防寒，应按"防寒"的相应基价子目计算。

（67）各种植物材料在运输、栽植过程中，其合理损耗率：落叶乔木、常绿乔木、灌木为1.5%，绿篱、色带、攀缘植物为2%，露地花卉、草皮为4%，草花类为10%。

（68）伐树、挖树根、砍挖灌木丛按估算数量计算。

（69）清除草皮按估算面积计算。

（70）整理绿化用地按设计图示尺寸以面积计算。

（71）栽植乔木、竹类、灌木、攀缘植物、水生植物按设计图示数量计算。

（72）栽植绿篱按设计图示以长度计算。

（73）栽植色带，片植绿篱、花卉按设计图示尺寸以面积计算。

（74）铺种草皮按设计图示尺寸以面积计算。

（75）大树移植按设计图示数量计算。

（76）拆除绿地障碍物（除混凝土块料面层、装饰块料面层以外），均按实际拆除体积以立方米计算。

（77）拆除混凝土块料面层、装饰块料面层，均按实际拆除面积以平方米计算。

（78）挖土、运土及人工换种植土，均按天然密实体积以立方米计算。

（79）铺设淋水管均按设计图示长度以米计算。塑料淋水管不扣除管件所占的长度，混凝土淋水管不扣除检查井和连接井所占长度，其坡度的影响不予考虑。

（80）塑料管件安装的工程量，按设计图示数量计算。

（81）铺淋水层均按设计图示尺寸以立方米计算。

（82）假植裸根乔木、裸根灌木均按实际假植数量以株计算。

（83）树木支撑均按绿化工程施工及验收规范规定以株计算。

（84）落叶乔木、常绿乔木、灌木防寒按实际做防寒数量以株计算。

（85）绿篱、色带防寒按实际做防寒长度以米计算。

（86）木本、宿根类花卉防寒按实际做防寒面积以平方米计算。

（87）落叶乔木、常绿乔木，散生竹、灌木、球形植物、攀缘植物新工养护均按设计图示数量以株计算。

（88）丛生竹、水生植物新工养护均按设计图示数量以丛计算。

（89）单排绿篱、双排绿篱均按设计图示长度以米计算。

（90）片植绿篱、色带、露地花卉、花坛花卉、植物造型、草皮均按设计图示以平方米计算。

（91）砌井均按设计图示数量以座计算。

（92）搭设遮阴棚，以平方米计算按棚外围覆盖层的展开尺寸以面积计算。

（93）以株计量的，按设计图示数量计算。

三、实例计算（某某小区绿化工程工程量清单计价表）

小区平面图请参考图2-1，小区绿化苗木见表2-2，小区绿化苗木及种植、养管费用造价见表2-3。

苗　木　表

表 2-2

序号	图例	植物名称	规格	单位	数量	备注
1	⊙	白蜡	$D5\sim6cm$	株	90	—
2	●	龙爪槐	$D4\sim5cm$	株	6	—
3	●	国槐	$D5\sim6cm$	株	10	—
4	●	合欢	$D5cm$	株	13	—
5	○	法桐	$D5\sim6cm$	株	17	—
6	●	香花槐	$D4\sim5cm$	株	15	—
7	●	五角枫	$D4\sim5cm$	株	6	—
8	●	栾树	$D6cm$	株	10	—
9	✳	白玉兰	$D3cm$	株	5	—
10	●	紫叶李	$D3\sim4cm$	株	32	—
11	●	红碧桃	$D2.5\sim3cm$	株	11	—
12	●	白碧桃	$D2.5\sim3cm$	株	3	—
13	●	垂丝海棠	$H=2\sim3.5m$	株	21	—
14	●	花石榴	$D3\sim4cm$	株	5	—
15	●	木槿	五年生	株	18	—
16	●	山楂	$D4\sim5cm$	株	4	—
17	●	紫薇	$D3\sim4cm$	株	7	—
18	✳	榆叶梅	$D2\sim3cm$	株	7	—
19	●	剑麻	—	株	46	—
20	●	红帽子月季	$H=0.6\sim0.9cm$	株	群栽	共计30.6m²
21	○	迎春	三年生	株	群栽	共计9.5m²
22	〰	矮紫薇	—	株	群栽	共计3m²
23	▦	红瑞木	$H=0.8\sim1.5m$	株	群栽	共计72m²
24	▦	金叶女贞	$H=0.5\sim0.8m$	株	群栽	16株/m² 共计492.5m²
25	▦	紫叶小檗	$H=0.5\sim0.8m$	株	群栽	16株/m² 共计41m²
26	〰	大叶黄杨	$H=0.5\sim0.8m$	株	群栽	16株/m² 共计126.6m²
27	●	桧柏球	$H=0.6\sim0.7m$	株	25	—
28	○	黄杨球	$H=0.6\sim0.7m$	株	109	—
29	⊙	小檗球	$H=0.6\sim0.7m$	株	106	—
30	●	紫藤	独干	株	10	—

序号	图例	植物名称	规格	单位	数量	备注
31	—	五叶地锦	三年生	株	群栽	共计 61 延米
32	▨	大花萱草	—	芽	群栽	共计 296m²
33	▨	金娃娃萱草	—	芽	群栽	共计 6.6m²
34	▨	紫花酢浆草	—	芽	群栽	共计 15.6m²
35	—	高羊茅	草皮卷	m²	群栽	草皮共计 14270m²

说明：1. 绿篱和色带地规格均为修剪前的高度。

2. 等高线高差为 150mm，起伏绿地面积为 216m²，均高 300mm。

3. 底层绿化部分均为高羊茅草皮。

4. 五叶地锦均沿围墙种植，槽宽 500mm。

5. 所有树池内均铺草皮卷。

某某小区绿化苗木及种植、养管费用造价汇总表　　　　　表 2-3

序　　号	项 目 名 称	工程造价/元
1	苗木费	251647
2	栽植费	133198.2
3	苗木防寒费	5165.84
4	植物养管费	141016.9
5	种植开挖费	42720
6	换种植土费	231185
7	合　　计	804932.97
	其他费用计取略	

（一）植物价格表（表 2-4）

植物价格表　　　　　表 2-4

序号	植物名称	植 物 规 格		单位	工程数量	金额/元	
						综合单价	合价
1	白蜡	落叶乔木	D=5～6cm	株	90	70	6300
2	龙爪槐	观赏乔木	D=4～5cm	株	6	160	960
3	国槐	落叶乔木	D=5～6cm	株	10	110	1100
4	合欢	落叶乔木	D=5cm	株	13	160	2080
5	法桐	落叶乔木	D=5～6cm	株	17	110	1870
6	香花槐	落叶乔木	D=4～5cm	株	15	120	1800
7	五角枫	落叶乔木	D=4～5cm	株	6	150	900
8	栾树	落叶乔木	D=6cm	株	10	160	1600
9	白玉兰	落叶乔木	D=3cm	株	5	260	1300
10	紫叶李	花灌木	D=3～4cm	株	32	120	3840
11	红碧桃	花灌木	D=2.5～3cm	株	11	70	770
12	白碧桃	花灌木	D=2.5～3cm	株	3	90	270

序号	植物名称	植物规格		单位	工程数量	金额/元	
						综合单价	合价
13	垂丝海棠	花灌木	$D=2\sim3.5cm$	株	21	160	3360
14	花石榴	花灌木	$D=3\sim4cm$	株	5	40	200
15	木槿	花灌木	冠$1.0\sim1.2m$	株	18	30	540
16	山楂	花灌木	$D=4\sim5cm$	株	4	220	880
17	紫薇	花灌木	$D=3\sim4cm$	株	7	170	1190
18	榆叶梅	花灌木	$D=2\sim3cm$	株	7	60	420
19	剑麻	常绿树木	冠$0.6\sim0.8m$	株	46	40	1840
20	红帽子月季	木本花卉	$H=0.6\sim0.9cm$	株	184	12	2208
21	迎春	花灌木	三年生	m²	9.5	80	760
22	矮紫薇	花灌木		m²	3	120	360
23	红瑞木	绿篱	$H=0.8\sim1.5m$	m²	72	140	10080
24	金叶女贞	绿篱	$H=0.5\sim0.8m$	m²	492.5	48	23640
25	紫叶小檗	绿篱	$H=0.5\sim0.8m$	m²	41	46	1886
26	大叶黄杨	绿篱	$H=0.5\sim0.8m$	m²	126.6	46	5824
27	桧柏球	常绿球	$H=0.6\sim0.7m$	株	25	95	2375
28	黄杨球	常绿球	$H=0.6\sim0.7m$	株	109	90	9810
29	小檗球	常绿球	$H=0.6\sim0.7m$	株	106	70	7420
30	紫藤	爬藤植物	独干	株	10	90	900
31	五叶地锦	爬藤植物	三年生	株	366	2	732
32	大花萱草	草本花卉		m²	296	95	28120
33	金娃娃萱草	草本花卉		m²	6.6	160	1056
34	紫花酢浆草	草本花卉		m²	15.6	160	2496
35	高羊茅	草皮卷		m²	14270	9	128430
	合计						251647

注：植物单价中含植物的起苗费和运费。

（二）植物栽植费（表2-5）

植物栽植费表　　　　　　　　　　　　表2-5

序号	项目编码	植物规格		单位	工程数量	金额/元	
						综合单价	合价
1	050102001	白蜡. 落叶乔木（裸根）	$D=5\sim6cm$	株	90	4.84	435.6
2	050102001	龙爪槐. 观赏乔木（裸根）	$D=4\sim5cm$	株	6	3.18	19.08
3	050102001	国槐. 落叶乔木（裸根）	$D=5\sim6cm$	株	10	4.84	48.4
4	050102001	合欢. 落叶乔木（裸根）	$D=5cm$	株	13	3.18	41.34
5	050102001	法桐. 落叶乔木（裸根）	$D=5\sim6cm$	株	17	4.84	82.28
6	050102001	香花槐. 落叶乔木（裸根）	$D=4\sim5cm$	株	15	3.18	47.7
7	050102001	五角枫. 落叶乔木（裸根）	$D=4\sim5cm$	株	6	3.18	19.08
8	050102001	栾树. 落叶乔木（裸根）	$D=6cm$	株	10	4.84	48.4

序号	项目编码	植 物 规 格		单位	工程数量	金额/元	
						综合单价	合价
9	050102001	白玉兰. 落叶乔木（裸根）	D＝3cm	株	5	3.18	15.9
10	050102004	紫叶李. 花灌木（裸根）	D＝3～4cm	株	32	2.7	86.4
11	050102004	红碧桃. 花灌木（裸根）	D＝2.5～3cm	株	11	2.7	29.7
12	050102004	白碧桃. 花灌木（裸根）	D＝2.5～3cm	株	3	2.7	8.1
13	050102004	垂丝海棠. 花灌木（裸根）	D＝2～3.5cm	株	21	2.7	56.7
14	050102004	花石榴. 花灌木（裸根）	D＝3～4cm	株	5	2.7	13.5
15	050102004	木槿. 花灌木（裸根）	冠1.0～1.2m	株	18	2.7	48.6
16	050102004	山楂. 花灌木（裸根）	D＝4～5cm	株	4	2.7	10.8
17	050102004	紫薇. 花灌木（裸根）	D＝3～4cm	株	7	2.7	18.9
18	050102004	榆叶梅. 花灌木（裸根）	D＝2～3cm	株	7	2.7	18.9
19	050102001	剑麻. 常绿树木	冠0.6～0.8m	株	46	5.94	273.24
20	050102302	红帽子月季. 木本花卉	H＝0.6～0.9cm	m²	30.6	5.07	155.14
21	050102301	迎春. 花灌木绿篱片植	三年生	m²	9.5	9.55	90.73
22	050102301	矮紫薇. 花灌木绿篱片植		m²	3	9.55	28.65
23	050102301	红瑞木. 绿篱片植	H＝0.8～1.5m	m²	72	13.47	969.84
24	050102301	金叶女贞. 绿篱片植	H＝0.5～0.8m	m²	492.5	9.55	4703.38
25	050102301	紫叶小檗. 绿篱片植	H＝0.5～0.8m	m²	41	9.55	391.55
26	050102301	大叶黄杨. 绿篱片植	H＝0.5～0.8m	m²	126.6	9.55	1209.03
27	050102004	桧柏球	H＝0.6～0.7m	株	25	6.4	160
28	050102004	黄杨球	H＝0.6～0.7m	株	109	6.4	697.6
29	050102004	小檗球	H＝0.6～0.7m	株	106	6.4	678.4
30	050102006	紫藤. 爬藤植物	独干	株	10	0.75	7.5
31	050102006	五叶地锦. 爬藤植物	三年生	株	366	0.75	274.5
32	050102302	大花萱草. 草本花卉		m²	296	6.51	1926.96
33	050102302	金娃娃萱草. 草本花卉		m²	6.6	6.51	42.97
34	050102302	紫花酢浆草. 草本花卉		m²	15.6	6.51	101.56
35	050102010	高羊茅. 草皮卷		m²	14270	8.44	120438.8
合计							133198.2

（三）植物防寒费（表2-6）

植物防寒费表 表2-6

序号	项目编码	项 目 名 称		单位	工程数量	金额/元	
						综合单价	合价
1	E.1.G	落叶乔木	胸径5cm内	株	129	2.13	274.77
2	E.1.G	观赏乔木	胸径5cm内	株	6	2.13	12.78
3	E.1.G	落叶乔木	胸径10cm内	株	37	3.59	132.83
4	E.1.G	花灌木		株	108	1.68	181.44
5	E.1.G	绿篱		m	496	6.47	3209.12
6	E.1.G	常绿球		株	240	5.05	1212
7	E.1.G	木本花卉		m²	30.6	4.67	142.9
		总 计					5165.84

（四）植物养管费（表2-7）

植物养管费表　　　　　　　　表 2-7

序号	项目编码	项目名称		单位	工程数量	金额/元	
						综合单价	合价
1	E.1.H	落叶乔木	胸径5cm内	株	129	14.15	1825.35
2	E.1.H	观赏乔木	胸径5cm内	株	6	14.15	84.9
3	E.1.H	落叶乔木	胸径10cm内	株	37	25.71	951.27
4	E.1.H	花灌木		株	108	6.67	720.36
5	E.1.H	绿篱	苗高100cm以内	m²	744.6	9.27	6902.44
6	E.1.H	常绿球	冠径100cm以内	株	240	6.41	1538.4
7	E.1.H	木本花卉		m²	30.6	8.41	257.35
8	E.1.H	草本花卉		m²	318.2	9.57	3045.17
9	E.1.H	爬藤植物（三年生）		株	376	2.15	808.4
10	E.1.H	常绿树木		株	46	12.86	591.56
11	E.1.H	草皮		m²	14270	8.71	124291.7
		合　　计					141016.9

（五）挖土方（表2-8）

挖土方表　　　　　　　　表 2-8

序号	项目编码	项目名称	单位	工程数量	金额/元	
					综合单价	合价
1	E.1.B	人工挖树坑	m³	98.96	14.43	1428
2	E.1.B	人工挖绿篱沟	m³	173.6	10.94	1899
3	E.1.B	人工挖露地花卉.草皮土方	m³	4213.15	9.35	39393
		总　　计				42720

（六）换种植土（表2-9）

换种植土表　　　　　　　　表 2-9

序号	项目编码	项目名称	单位	工程数量	金额/元	
					综合单价	合价
1	E.1.E	树坑	m³	98.96	62.22	6157
2	E.1.E	绿篱沟	m³	173.6	54.67	9491
3	E.1.E	露地花卉.草皮土方	m³	4213.15	50.42	212427
4	E.1.E	起伏绿地填土（216m²×0.3均高）	m³	64.8	48	3110
		合　　计				231185

（七）植物挖土量（挖土量是根据绿化工程相应规格对照表中的相关体积为依据计算的）（表 2-10）

植物挖土量表   表 2-10

序号	植物名称	植物规格		单位	工程数量	换土量/m³	
						单个	合计
1	白蜡	落叶乔木（裸根）	$D=5\sim6cm$	株	90	0.1923	17.31
2	龙爪槐	观赏乔木（裸根）	$D=4\sim5cm$	株	6	0.1923	1.15
3	国槐	落叶乔木（裸根）	$D=5\sim6cm$	株	10	0.1923	1.92
4	合欢	落叶乔木（裸根）	$D=5cm$	株	13	0.1923	2.5
5	法桐	落叶乔木（裸根）	$D=5\sim6cm$	株	17	0.1923	3.27
6	香花槐	落叶乔木（裸根）	$D=4\sim5cm$	株	15	0.1923	2.89
7	五角枫	落叶乔木（裸根）	$D=4\sim5cm$	株	6	0.1923	1.15
8	栾树	落叶乔木（裸根）	$D=6cm$	株	10	0.1923	1.92
9	白玉兰	落叶乔木（裸根）	$D=3cm$	株	5	0.0785	0.39
10	紫叶李	花灌木（裸根）	$D=3\sim4cm$	株	32	0.0785	2.51
11	红碧桃	花灌木（裸根）	$D=2.5\sim3cm$	株	11	0.0785	0.86
12	白碧桃	花灌木（裸根）	$D=2.5\sim3cm$	株	3	0.0785	0.24
13	垂丝海棠	花灌木（裸根）	$D=2\sim3.5cm$	株	21	0.0785	1.65
14	花石榴	花灌木（裸根）	$D=3\sim4cm$	株	5	0.0785	0.39
15	木槿	花灌木（裸根）	冠 $1.0\sim1.2m$	株	18	0.0785	1.41
16	山楂	花灌木（裸根）	$D=4\sim5cm$	株	4	0.1413	0.57
17	紫薇	花灌木（裸根）	$D=3\sim4cm$	株	7	0.0785	0.55
18	榆叶梅	花灌木（裸根）	$D=2\sim3cm$	株	7	0.0785	0.55
19	剑麻	常绿树木	冠 $0.6\sim0.8m$	株	46	0.0785	3.61
20	桧柏球	常绿球	$H=0.6\sim0.7m$	株	25	0.1923	4.81
21	黄杨球	常绿球	$H=0.6\sim0.7m$	株	109	0.1923	20.96
22	小檗球	常绿球	$H=0.6\sim0.7m$	株	106	0.1923	20.38
23	紫藤	爬藤植物	独干	株	10	0.0212	0.21
24	五叶地锦	爬藤植物	三年生	株	366	0.0212	7.76
	挖树坑小计			m³			98.96
25	绿篱沟	绿篱片植		m	496	0.35	173.6
	绿篱沟小计			m³			173.6
26	大花萱草	草本花卉		m²	296	0.288	85.25
27	金娃娃萱草	草本花卉		m²	6.6	0.288	1.9
28	紫花酢浆草	草本花卉		m²	15.6	0.288	4.49
29	高羊茅	草皮卷		m²	14270	0.288	4109.76
30	红帽子月季	木本花卉	$H=0.6\sim0.9cm$	m²	30.6	0.384	11.75
	小 计						4213.15

第三章　园林景观工程工程量清单的编制

一、园林景观工程

在园林工程中除了园林绿化种植部分就是园林景观工程，景观工程中就是以各具特色的园林小品点缀在公园和小区中。园林小品主要是供人们休息、观赏，方便游览活动，供人们使用的。园林小品以其丰富的内容、轻巧美观的造型点缀在绿草鲜花之中，美化了景色、烘托了气氛、加深了意境，同时由于它们又各具一定的使用功能，所以满足了人们的各种游园游览活动需求，是园林中不可缺少的重要组成部分。

园林小品的内容丰富，按其功能的不同可以分为：

（1）供人们休息之用的园林小品：如园林坐凳、园椅。

（2）服务性的园林小品：如园灯、指示牌、道路牌、小卖部。

（3）管理类的园林小品：如垃圾箱、鸟舍、栏杆。

（4）装饰性的园林小品：如景窗、门洞、花池、花钵。

（5）供人们观赏休息之用的园林小品：如亭、廊、花架、雕塑、水溪。

（6）供儿童游乐之用的园林小品：如攀藤架、滑梯、跷跷板。

（7）供人们通行之用的园林小品：如甬路、曲桥、汀步。

二、园林景观工程工程量清单的编制

（一）景观亭

1. 景观瓦亭

（1）与瓦亭相关的知识介绍

亭：是我国园林中最常见的一种园林建筑。它常与其他建筑、山水、植物相结合，装点着园景。亭的占地面积较小，也很容易与园林中各种复杂的地形地貌相结合成为园中一景，在自然风景区和游览胜地，亭以自由、灵活、多变的特点把大自然点缀得更加引人入胜。

亭的体形较小，造型却多种多样，从平面形状看有圆形、方形、多边形、扇形等。从体量看有单体的也有组合式的。从亭顶的形式看有攒尖顶和歇山顶。从亭子的立面造型看有单檐的、重檐的。从亭子位置看有山亭、桥亭、半亭、廊亭等。从建亭的材料看有木构架的瓦亭、石材亭、竹亭、仿木亭、钢筋混凝土亭、不锈钢亭、膜构亭、蘑菇亭、伞亭等。

（2）与瓦亭相关的工程量清单计价的统一规定

A. 与平整场地相关的工程量计算的统一规定

① 平整场地项目包括：标高在±30cm 以内的就地挖填找平。此项目包括：垂直方向在 30cm 以内的土方开挖，场地找平，土的运输。

② 平整场地项目应注明土壤的类别、弃土运距、取土运距。

B. 与开挖土方相关的工程量清单计价的统一规定

① 挖土工程：槽底宽度在 3m 以内，且长度是宽度 3 倍以外者为地槽；槽底面积在 20m² 以内者为地坑；槽底宽度在 3m 以上，且槽底面积在 20m² 以上者为挖土方。

② 挖基础土方项目包括：排地表水，土方开挖，挡土板支拆，基底钎探，土的运输。

③ 挖基础土方按设计图示尺寸及基础垫层底面积乘以挖土深度的天然密实体积计算。

④ 其他与开挖项目相关的工程量计算的统一规定详见花坛工程。

C. 与基础垫层相关的工程量计算的统一规定

① 混凝土基础垫层与混凝土基础的划分：混凝土厚度在 12cm 以内者为垫层，执行混凝土垫层基价子目；混凝土厚度在 12cm 以上者为基础，执行混凝土基础基价子目。

② 基础垫层项目包括：拌合，找平，分层夯实，砂浆调制，混凝土浇筑、振捣、养护；混凝土垫层还包括原土夯实。

③ 现浇混凝土其他构件按设计图示尺寸以体积计算。不扣除构件内钢筋、预埋铁件所占体积。

④ 基础垫层按设计图示尺寸以体积计算，其长度：外墙按中心线，内墙按垫层净长计算。

D. 与混凝土工程相关的工程量计算的统一规定

① 现浇钢筋混凝土基础包括：混凝土的浇筑、振捣、养护。

② 现浇钢筋混凝土基础项目应注明混凝土的强度等级、混凝土拌合料要求，还应注明垫层材料种类、厚度。

③ 现浇钢筋混凝土带形基础、独立基础、杯形基础、满堂基础按设计图示尺寸以体积计算。不扣除构件内钢筋、预埋件所占体积。

④ 现浇混凝土柱、梁、板、其他构件项目包括：混凝土制作、运输、振捣、养护。

⑤ 现浇混凝土柱项目应注明柱的高度、柱的截面尺寸、混凝土强度等级、混凝土拌合料要求。

⑥ 现浇混凝土梁项目应注明梁底标高、梁的截面、混凝土强度等级、混凝土拌合料要求。

⑦ 现浇混凝土板项目应注明板底标高、板的厚度、混凝土强度等级、混凝土拌合料要求。

⑧ 现浇混凝土其他项目应注明构件类型、构件规格、混凝土强度等级、混凝土拌合料要求。

⑨ 现浇混凝土柱按设计图示尺寸以体积计算，不扣除构件中的钢筋、预埋件所占体积，其柱高按全高计算。

⑩ 现浇混凝土基础梁、圈梁、过梁按设计图示尺寸以体积计算，不扣除构件中钢筋、预埋件所占的体积，伸入墙内的梁头、梁垫并入梁的体积内。其长：梁与柱连接时，梁长算至柱的侧面；主梁与次梁连接时，次梁长算至主梁的侧面。

⑪ 现浇混凝土有梁板、平板、拱形板、拦板，按设计图示尺寸以体积计算。不扣除构件内钢筋、预埋件及单个面积在 0.3m² 以内的孔洞所占体积。有梁板（包括主梁、次梁与板）按梁、板体积之和计算，各类板伸入墙内的板头并入板的体积内计算。

⑫ 现浇混凝土挑檐按设计图示尺寸以体积计算。

E. 与饰面工程相关工程量计算的统一规定

① 挂贴大理石、花岗石项目包括：刷浆，预埋铁件，选料湿水，钻孔成槽，镶贴面层及阴阳角，磨光，打蜡，擦缝，养护。

② 粘贴大理石、花岗石项目包括：打底刷浆，镶贴块料面层，刷胶黏剂，切割面料，磨光，打蜡，擦缝，养护。

③ 石材墙面，柱面，零星项目，园林小品，水池，花坛壁面。碎拼石材墙面，柱面，零星项目，园林小品，花坛壁面。块料墙面，柱面，零星项目，水池，花坛壁面项目包括：基层清理，砂浆制作，运输，底层抹灰，结合层铺贴，面层铺贴，镶缝，刷防护材料，磨光，酸洗，打蜡。

④ 石材墙面，柱面，零星项目，园林小品，水池，花坛壁面。碎拼石材墙面，柱面，零星项目，园林小品，花坛壁面。块料墙面，柱面，零星项目，水池，花坛壁面项目应注明墙、柱类型，底层厚度，砂浆配合比，结合层厚度，材料种类，面层品种、规格、颜色、磨光、酸洗要求。

⑤ 零星项目适用于池槽等。

⑥ 柱面镶贴块料面层按设计图示尺寸以面积计算。

⑦ 真石漆饰面按设计图示尺寸的展开面积计算。

F. 与屋面工程相关工程量计算的统一规定

① 屋面纸胎油毡防水，屋面玻璃布油毡防水项目包括：清扫底层，刷冷底子油一道，熬制沥青，铺卷材，撒豆粒石，屋面浇水试验。

② 屋面改性沥青卷材防水项目包括：清扫底层，刷冷底子油一道，喷灯热熔，粘贴卷材。

③ 瓦屋面项目包括：檩条、椽子安装，基层铺设，铺设防水，安顺水条和挂瓦条，安瓦，刷防护材料。

④ 屋面卷材防水项目包括：基层处理，抹找平层，刷底油，铺油毡卷材、接缝、嵌缝，铺保护层。

⑤ 水泥瓦、黏土瓦的规格与基价不同时，除瓦的数量可以换算外，其他工、料均不得调整。

⑥ 卷材屋面不分屋面形式，如平屋面、锯齿形屋面、弧形屋面等，均执行同一子目。刷冷底子油一遍已综合在基价内，不另计算。

⑦ 卷材屋面子目中已考虑了浇水实验的人工和用水量。对弯起的圆角增加的混凝土及砂浆，用量中已考虑，不另计算。

⑧ 瓦屋面按设计图示尺寸以斜面积计算。不扣除房上烟囱、风帽底座、风道、小气窗、斜沟等所占面积，小气窗的出檐部分不增加面积。

⑨ 屋面卷材防水，屋面涂膜防水按设计图示尺寸以面积计算。

a. 斜屋顶（不包括平屋顶找坡）按斜面积计算，平屋顶按水平投影面积计算。

b. 不扣除房上烟囱、风帽底座、风道、屋面小气窗和斜沟所占面积。

c. 屋面的女儿墙、伸缩缝和天窗等处的弯起部分，并入屋面工程量内。

⑩ 瓦屋面的出线、披水、梢头抹灰、脊瓦加腮等工、料均以综合在基价内，不另计算。

⑪ 屋面卷材防水，屋面涂膜防水的女儿墙、伸缩缝和天窗等处的弯起部分，如设计图纸未注明尺寸，其女儿墙、伸缩缝可按 25cm、天窗处可按 50cm 计算。局部增加层数时，另计增加部分，套用每增减一毡一油基价。

⑫ 屋面卷材防水的附加层、接缝、收头，找平层的嵌缝、冷底子油已计入内，不另计算。

（3）工程量计算（图 3-1～图 3-7）

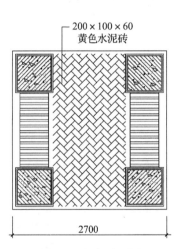

图 3-1 瓦亭平面图

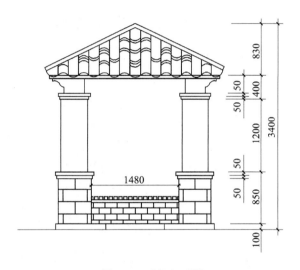

图 3-2 瓦亭立面图-1

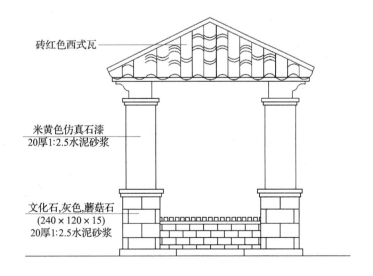

图 3-3 瓦亭立面图-2

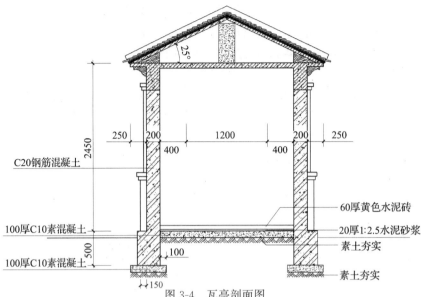

C20钢筋混凝土

100厚C10素混凝土

100厚C10素混凝土

60厚黄色水泥砖

20厚1:2.5水泥砂浆

素土夯实

素土夯实

图 3-4　瓦亭剖面图

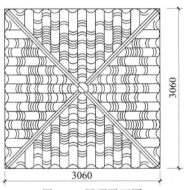

图 3-5　屋顶平面图

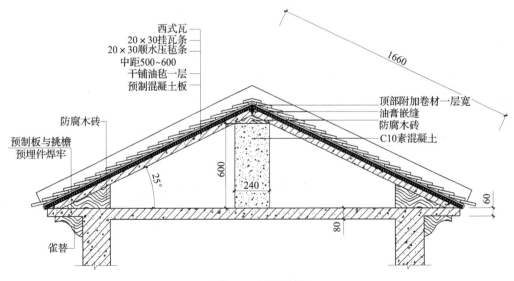

西式瓦
20×30挂瓦条
20×30顺水压毡条
中距500~600
干铺油毡一层
预制混凝土板

防腐木砖

预制板与挑檐
预埋件焊牢

雀替

顶部附加卷材一层宽
油膏嵌缝
防腐木砖
C10素混凝土

图 3-6　屋顶详图

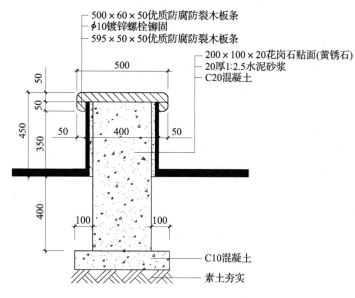

图 3-7 座椅大样

① 平整场地:

$S = 2.7 \times 2.7 = 7.29 \text{m}^2$

② 基础开挖:(按剖面图考虑)

$V = (2.9 + 0.3 \times 2) \times (2.9 + 0.3 \times 2) \times (0.5 + 0.1) = 7.35 \text{m}^3$

③ 基础垫层(含柱下和座椅下混凝土基础垫层):

$V = V_{柱下} + V_{座椅下}$

$\quad = 0.55 \times 0.55 \times 0.1 \times 4 + 1.48 \times 0.6 \times 0.1 \times 2 = 0.3 \text{m}^3$

④ 混凝土柱:

$V = V_{基础} + V_{主体} = 0.35 \times 0.35 \times 0.5 \times 4 + 0.2 \times 0.2 \times (2.45 - 0.08) \times 4 = 0.62 \text{m}^3$

⑤ 混凝土板:

$V = V_{平板} + V_{斜板}$

$\quad = 2.4 \times 2.4 \times 0.08 + \left(\dfrac{1}{2} \times 3.06 \times \sqrt{(0.83)^2 + \left(\dfrac{3.06}{2}\right)^2} \times 0.08 \right) \times 4 = 1.27 \text{m}^3$

⑥ 混凝土挑檐:

$V = 长 \times 断面 = (2.4 + 0.25) \times 4 \times 0.25 \times 0.6 = 0.159 \text{m}^3$

⑦ C10 素混凝土梁:

$V = 0.24 \times 0.24 \times 0.6 = 0.03 \text{m}^3$

⑧ 防腐木砖:

$L = 3.06 \times 4 = 12.24 \text{m}$

⑨ 混凝土座椅:

$V = 1.48 \times 0.4 \times 0.8 \times 2 = 0.95 \text{m}^3$

⑩ 防腐木板条:

$S = 1.48 \times 0.5 \times 2 = 1.48 \text{m}^2$

⑪ 座椅两侧贴黄锈石面：

$S = 1.48 \times 0.4 \times 2 = 1.18 \text{m}^2$

⑫ 柱外抹水泥砂浆面：

$S = (0.2 \times 4) \times (2.45 - 0.08) \times 4 = 7.58 \text{m}^2$

⑬ 柱下贴文化砖面（包括亭下四周侧面）：

$S = 0.2 \times 4 \times 0.75 \times 4 + 2.7 \times 4 \times 0.1 = 3.48 \text{m}^2$

⑭ 柱面刷真石漆：

$S = (0.2 \times 4) \times (1.2 + 0.1 \times 2) \times 4 = 4.48 \text{m}^2$

⑮ 屋顶板下及挑檐下，侧壁抹水泥面：

$S = 2 \times 2 + 1.325 \times (0.25 + 0.06) = 4.41 \text{m}^2$

⑯ 屋面干铺油毡一层：

$$S = \left(\frac{1}{2} \times 3.06 \times \sqrt{(0.83)^2 + \left(\frac{3.06}{2} \right)^2} \right) \times 4 = 10.65 \text{m}^2$$

⑰ 屋面铺瓦：

$$S = \left(\frac{1}{2} \times 3.06 \times \sqrt{(0.83)^2 + \left(\frac{3.06}{2} \right)^2} \right) \times 4 = 10.65 \text{m}^2$$

⑱ 脚手架（按梁的脚手架计算）：

$S = 板外圈周长 \times 梁下高 = 3.06 \times (2.45 - 0.08) = 7.25 \text{m}^2$

⑲ 地面素土夯实：

$V = 2 \times 2 \times 0.15 = 0.6 \text{m}^3$

⑳ C10 素混凝土地面垫层：

$V = 2 \times 2 \times 0.1 = 0.4 \text{m}^3$

㉑ 地面铺水泥砖：

$S = 2.7 \times 2.7 - 0.2 \times 0.2 \times 4 - 1.48 \times 0.4 \times 2 = 5.95 \text{m}^2$

㉒ 雀替（按组计算）：

组 = 8

（4）工程量计价表（表 3-1）

工程量计价表 表 3-1

序号	项目编码	项 目 名 称	单位	工程数量	金额/元	
					综合单价	总价
1	053101001	平整场地	m²	7.29	2.69	19.61
2	053101002	基础开挖	m³	7.35	16.52	121.42
3	E.35.A	基础垫层	m³	0.3	230	69
4	050303001	混凝土柱	m³	0.62	950	589
5	050302005	混凝土板	m³	1.27	1150	1460.5
6	053305004	混凝土挑檐	m³	0.159	1280	203.52
7	050303001	C10 混凝土梁	m³	0.03	750	22.5
8	生项	防腐木砖	m	12.24	35	428.4
9	050304004	混凝土座椅	m³	0.95	550	522.5

序号	项目编码	项目名称	单位	工程数量	金额/元	
					综合单价	总价
10	050304301	防腐木板条	m²	1.48	194.25	287.49
11	053606001	座椅两侧贴黄锈石面	m²	1.18	120	141.6
12	053602001	柱外抹水泥砂浆面（异型）	m²	7.58	27.04	204.97
13	053605003	柱下贴文化砖面	m²	3.48	122	424.56
14	053702001	柱面刷真石漆	m²	4.48	78	349.44
15	053603001	板下、挑檐下、侧壁抹水泥面	m²	4.41	26.58	117.22
16	053402001	屋面干铺油毡一层	m²	10.65	7.47	79.56
17	053401001	屋面铺瓦	m²	10.65	77	820.05
18	E.38.C	脚手架	m²	7.25	2.01	14.57
19	E.35.A	地面素土夯实	m³	0.6	65	39
20	E.35.A	C10 素混凝土地面垫层	m³	0.4	230	92
21	050201001	地面铺水泥砖	m²	5.95	65	386.75
22	生项	雀替	组	8	80	640
		总计				7177

注：其他费用计取略。

2. 欧式亭

（1）与欧式亭相关的知识介绍

欧式亭是按照西方古亭的建筑手法又融入了我国古建亭的造园手法而建造的。其布局特色主要是在亭的柱子和亭顶设计上。

（2）与欧式亭相关的工程量清单计价的统一规定

A. 与平整场地相关的工程量计算的统一规定

① 平整场地项目包括：标高在±30cm 以内的就地挖填找平。此项目包括：垂直方向在 30cm 以内的土方开挖，场地找平，土的运输。

② 平整场地项目应注明土壤的类别，弃土运输距离，取土运输距离。

B. 与开挖土方相关的工程量清单计价的统一规定

① 挖土工程：槽底宽度在 3m 以内，且长度是宽度 3 倍以外者为地槽；槽底面积在 20m² 以内者为地坑；槽底宽度在 3m 以上，且槽底面积在 20m² 以上者为挖土方。

② 挖基础土方项目包括：排地表水，土方开挖，挡土板支拆，基底钎探，土的运输。

③ 挖基础土方按设计图示尺寸及基础垫层底面积乘以挖土深度的天然密实体积计算。

④ 其他与开挖项目相关的工程量计算的统一规定详见花坛工程。

C. 与基础垫层相关的工程量计算的统一规定

① 混凝土基础垫层与混凝土基础的划分：混凝土厚度在 12cm 以内者为垫层，执行混凝土垫层基价子目；混凝土厚度在 12cm 以上者为基础，执行混凝土基础基价子目。

② 基础垫层项目包括：拌合，找平，分层夯实，砂浆调制，混凝土浇筑、振捣、养护，混凝土垫层还包括原土夯实。

③ 现浇混凝土其他构件按设计图示尺寸以体积计算，不扣除构件内钢筋，预埋铁件所占体积。

④ 基础垫层按设计图示尺寸以体积计算，其长度：外墙按中心线，内墙按垫层净长计算。

D. 与混凝土工程相关的工程量计算的统一规定

① 现浇钢筋混凝土基础包括：混凝土的浇筑、振捣、养护。

② 现浇钢筋混凝土基础项目应注明混凝土的强度等级，混凝土拌合料要求，还应注明垫层材料种类、厚度。

③ 现浇钢筋混凝土带形基础、独立基础、杯形基础、满堂基础按设计图示尺寸以体积计算，不扣除构件内钢筋、预埋件所占体积。

④ 现浇混凝土柱、梁、板、其他构件项目包括：混凝土制作、运输、振捣、养护。

⑤ 现浇混凝土柱项目应注明柱的高度、柱的截面尺寸、混凝土强度等级、混凝土拌合料要求。

⑥ 现浇混凝土梁项目应注明梁底标高、梁的截面、混凝土强度等级、混凝土拌合料要求。

⑦ 现浇混凝土板项目应注明板底标高、板的厚度、混凝土强度等级、混凝土拌合料要求。

⑧ 现浇混凝土其他项目应注明构件类型、构件规格、混凝土强度等级、混凝土拌合料要求。

⑨ 现浇混凝土柱按设计图示尺寸以体积计算，不扣除构件中的钢筋、预埋件所占体积，其柱高按全高计算。

⑩ 现浇混凝土基础梁、圈梁、过梁按设计图示尺寸以体积计算，不扣除构件中钢筋、预埋件所占的体积，伸入墙内的梁头、梁垫并入梁的体积内。其长：梁与柱连接时，梁长算至柱的侧面；主梁与次梁连接时，次梁长算至主梁侧面。

⑪ 现浇混凝土有梁板、平板、拱形板、拦板按设计图示尺寸以体积计算，不扣除构件内钢筋、预埋件及单个面积在 $0.3m^2$ 以内的孔洞所占体积。有梁板（包括主梁、次梁与板）按梁、板体积之和计算，各类板伸入墙内的板头并入板的体积内计算。

⑫ 现浇混凝土挑檐按设计图示尺寸以体积计算。

E. 与饰面工程相关工程量计算的统一规定

① 挂贴大理石、花岗石项目包括：刷浆，预埋铁件，选料湿水，钻孔成槽，镶贴面层及阴阳角，磨光，打蜡，擦缝，养护。

② 粘贴大理石、花岗石项目包括：打底刷浆，镶贴块料面层，刷胶黏剂，切割面料，磨光，打蜡，擦缝，养护。

③ 石材墙面，柱面，零星项目，园林小品，水池，花坛壁面。碎拼石材墙面，柱面，零星项目，园林小品，花坛壁面。块料墙面，柱面，零星项目，水池，花坛壁面项目包括：基层清理，砂浆制作，运输，底层抹灰，结合层铺贴，面层铺贴，镶缝，刷防护材料，磨光，酸洗，打蜡。

④ 石材墙面，柱面，零星项目，园林小品，水池，花坛壁面。碎拼石材墙面，柱面，零星项目，园林小品，花坛壁面。块料墙面，柱面，零星项目，水池，花坛壁面项目应注

明墙、柱类型，底层厚度，砂浆配合比，结合层厚度，材料种类，面层品种、规格、颜色、磨光、酸洗要求。

⑤ 零星项目适用于池槽等。

⑥ 柱面镶贴块料面层按设计图示尺寸以面积计算。

⑦ 真石漆饰面按设计图示尺寸的展开面积计算。

F. 与木构架亭顶相关的工程量计算的统一规定

① 木构件制作项目包括：放样，选料，截料，刨光，画线，制作及剔凿成型。

② 木构件安装项目包括：安装，吊线，校正，临时支撑。

③ 木柱、梁包括：构件制作，安装，刷防护材料、油漆。

④ 木构件基价中一般是以刨光的为准，刨光损耗已经包括在基价子目中。基价子目中的木材数量均为毛料。

⑤ 木构件基价中的原木、锯材是以自然干燥为准。如设计要求需烘干时，其费用另行计算。

⑥ 木构架中的木梁、木柱按设计图示尺寸以立方米计算。

⑦ 木屋面板项目包括：木板制作、安装，刷防护材料、油漆。

⑧ 木屋面板项目应注明木材种类、板厚、防护材料种类。

⑨ 木屋面板按设计尺寸以面积计算。

（3）工程量计算（图 3-8～图 3-17）

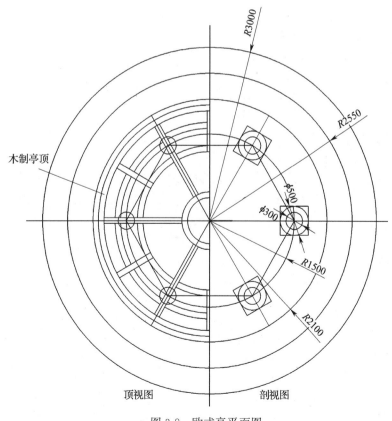

图 3-8　欧式亭平面图

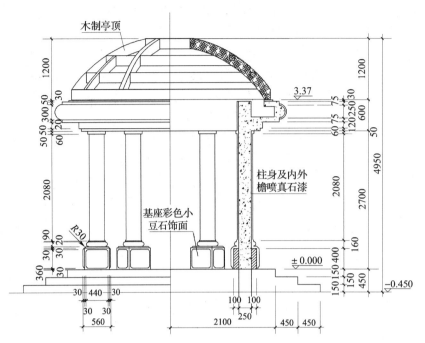

图 3-9　欧式亭立面图

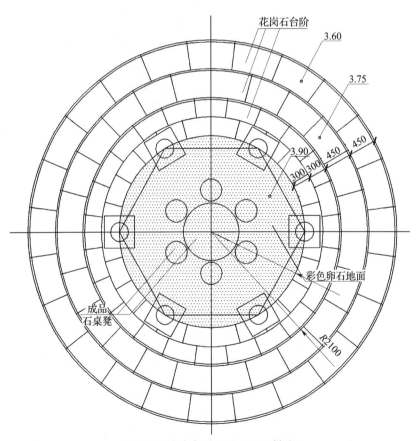

图 3-10　欧式亭平面图（地面做法）

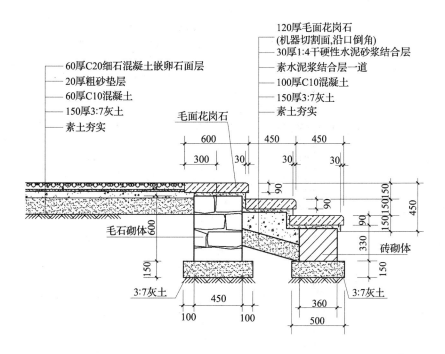

60厚C20细石混凝土嵌卵石面层
20厚粗砂垫层
60厚C10混凝土
150厚3:7灰土
素土夯实

120厚毛面花岗石
(机器切割面,沿口倒角)
30厚1:4干硬性水泥砂浆结合层
素水泥浆结合层一道
100厚C10混凝土
150厚3:7灰土
素土夯实

毛面花岗石

600
300
30

450
30

450
30

毛石砌体600

砖砌体

3:7灰土

450
100 100

360
500

3:7灰土

图 3-11 台阶做法详图

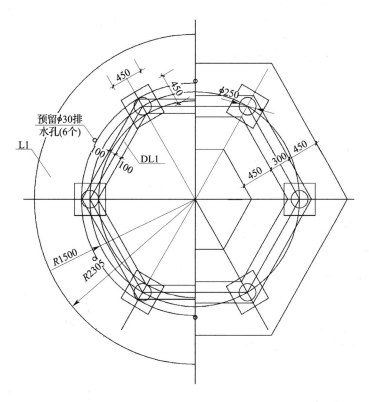

预留φ30排
水孔(6个)

L1

450
450
φ250

450
300
450

100
100

DL1

R1500
R2305

图 3-12 欧式亭结构平面图

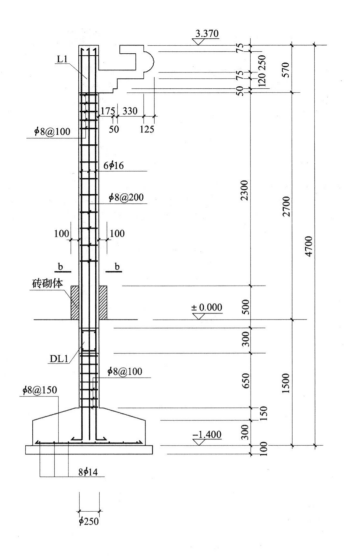

图 3-13 亭柱结构

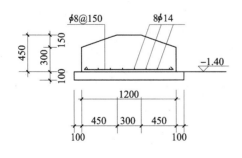

图 3-14 柱基础详图

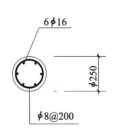

图 3-15 b—b 剖面图

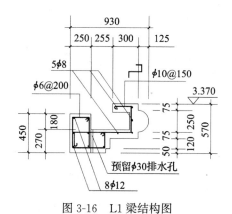

图 3-16　L1 梁结构图

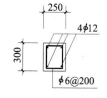

图 3-17　DL1 结构图

① 开挖：

$$V = 3.14 \times (2.1 + 0.9)^2 \times 1.6$$
$$= 45.22 \text{m}^3$$

② 柱下基础垫层：

$$V = 3.14 \times (0.7)^2 \times 0.1 \times 6$$
$$= 0.92 \text{m}^3$$

③ 柱下混凝土独立基础：

$$V = 3.14 \times (0.6)^2 \times 0.3 \times 6 + \frac{(0.3 + 1.2) \times 0.15}{2} \times 6 = 2.71 \text{m}^3$$

④ 混凝土柱：

$$V = 3.14 \times (0.125)^2 \times (0.65 + 0.3 + 0.1 + 0.5 + 2.3 + 0.05 + 0.12 + 0.075 \times 2 + 0.25)$$
$$\times 6$$
$$= 1.3 \text{m}^3$$

⑤ 回填土：

$$V = 挖土量 - 垫层 - 混凝土独立基础 - 基础柱 - 地面垫层体积 - 台阶体积 = 19.28 \text{m}^3$$

⑥ 混凝土地梁：

$$V = 净长 \times 断面 \times 相同个数$$
$$= 1.25 \times 0.2 \times 0.3 \times 6$$
$$= 0.45 \text{m}^3$$

⑦ 混凝土异型梁：

$$V = 柱间 + 外挑$$
$$= 1.25 \times 0.45 \times 0.25 \times 6 + \frac{2.305 + 1.625}{2} \times [(0.255 \times 0.27) + (0.3 \times 0.075 \times 2)$$
$$+ (0.25 \times 0.155)]$$
$$= 1.14 \text{m}^3$$

⑧ 柱两侧砌砖：

$$V = 0.35 \times 4 \times 0.1 \times 0.4 \times 6$$
$$= 0.34 \text{m}^3$$

⑨ 亭下地面素土夯实：

$$V = 3.14 \times (1.5)^2 \times 0.15$$
$$= 1.06 \text{m}^3$$

⑩ 地面 3：7 灰土：

$$V = 3.14 \times (1.5)^2 \times 0.15$$
$$= 1.06 \text{m}^3$$

⑪ 地面 C10 混凝土：

$$V = 3.14 \times (1.5)^2 \times 0.06$$
$$= 0.42 \text{m}^3$$

⑫ 地面粗砂垫层：

$$V = 3.14 \times (1.5)^2 \times 0.2$$
$$= 1.41 \text{m}^3$$

⑬ 卵石地面：

$$S = 3.14 \times (1.5)^2$$
$$= 7.07 \text{m}^2$$

⑭ 毛石台阶：

$$V = 2 \times 3.14 \times (2.1)^2 \times 0.6 \times 0.45$$
$$= 7.48 \text{m}^3$$

⑮ 3：7 灰土垫层：

$$V = 2 \times 3.14 \times (2.1)^2 \times 0.65 \times 0.15 + 2 \times 3.14 \times (2.55)^2 \times 0.6 \times 0.15 + 2 \times 3.14 \times (3)^2 \times 0.5 \times 0.15$$
$$= 10.62 \text{m}^3$$

⑯ C10 混凝土台阶：

$$V = 2 \times 3.14 \times (2.55)^2 \times 0.6 = 24.5 \text{m}^2$$

⑰ 砌台阶：

$$S = 2 \times 3.14 \times (3)^2 \times 0.365 = 20.63 \text{m}^2$$

⑱ 毛面花岗石台阶面：

$$S = 2 \times 3.14 \times (2.1)^2 \times 0.6 + 2 \times 3.14 \times (2.55)^2 \times 0.45 + 2 \times 3.14 \times (3)^2 \times 0.45$$
$$= 60.43 \text{m}^2$$

⑲ 基座小豆石饰面：

$$S = 0.5 \times 4 \times 0.4 \times 6 = 4.8 \text{m}^2$$

⑳ 柱身及外挑部分抹水泥面：

$$S = 2 \times 3.14 \times 0.125^2 \times 2.97 \times 6 + 2 \times 3.14 \times 2.301^2 \times (0.255 + 0.3 + 0.125)$$
$$= 23.81 \text{m}^2$$

㉑ 柱身及外挑部分刷真石漆：

$$S = \text{同上}$$

㉒ 木制亭顶（实量长度）：

$$V_1 = 2 \times 3.14 \times 0.5 \times 0.15 \times 0.01 = 0.0047 \text{m}^3$$
$$V_2 = 2 \times 3.14 \times 1.1 \times 0.15 \times 0.01 = 0.01 \text{m}^3$$

$V_3 = 2 \times 3.14 \times 1.6 \times 0.15 \times 0.01 = 0.015\text{m}^3$

$V_4 = 2 \times 3.14 \times 2 \times 0.15 \times 0.01 = 0.019\text{m}^3$

$V_5 = 1.85 \times 0.15 \times 0.01 \times 6 = 0.017\text{m}^3$

$V_6 = 0.9 \times 0.15 \times 0.01 \times 6 = 0.008\text{m}^3$

V 合计 $= 0.074\text{m}^3$

（4）工程量清单计价表（表 3-2）

工程量清单计价表　　　　　　　　　　　　　　　　表 3-2

序号	项目编码	项 目 名 称	计量单位	工程数量	金额/元	
					综合单价	合价
1	053101002	开挖	m³	45.22	15.22	688.25
2	E.35.A	柱子基础垫层	m³	0.92	230	211.6
3	053301002	柱下混凝土基础	m³	2.71	550	1490.5
4	050303002	混凝土柱	m³	1.3	980	1274
5	053103001	回填土	m³	19.28	9.47	182.58
6	053303001	混凝土地梁	m³	0.45	550	247.5
7	050303002	混凝土异型梁	m³	1.14	1120	1276.8
8	053202004	柱两侧砌砖	m³	0.34	265.93	90.42
9	E.35.A	亭下地面素土夯实	m³	1.06	65	68.9
10	E.35.A	地面 3∶7 灰土	m³	1.06	112.99	119.77
11	E.35.A	地面 C10 混凝土	m³	0.42	260	109.2
12	E.35.A	地面粗砂垫层	m³	1.41	117.1	165.11
13	050201001	卵石地面	m²	7.07	55.85	394.86
14	050201005	毛石台阶基础	m³	7.48	210.91	1577.61
15	E.35.A	台阶处 3∶7 灰土	m³	10.62	112.99	1199.95
16	053306001	混凝土台阶	m²	24.5	71.34	1747.83
17	053506003	砌台阶	m²	20.63	85.83	1770.66
18	053506001	毛面花岗石台阶面	m²	60.43	472.36	28544.71
19	053601002	基座小豆石饰面	m²	4.8	27.51	132.05
20	053601001	柱身及外挑部分抹水泥面	m²	23.81	12.32	293.34
21	053703001	柱身及外挑部分刷真石漆	m²	23.81	58	1380.98
22	050303003	木制亭顶	m³	0.074	5500	407
		总　　计				43373.62

注：其他费用计取略。

3. 现代木构架亭

（1）与木构架亭相关的工程量清单计价的统一规定

A. 与开挖土方及回填土方相关的工程量计算的统一规定

① 挖土工程：槽底宽度在 3m 以内，且长度是宽度 3 倍以上者为地槽；槽底面积在 20m² 以内者为地坑；槽底宽度在 3m 以上，且槽底面积在 20m² 以上者为挖土方。

② 挖基础土方项目包括：排地表水，土方开挖，挡土板支拆，基底钎探，土的运输。

③ 平整场地项目包括：标高在±30cm 以内的就地挖填找平。就地的范围指人力能抛掷的距离。

④ 平整场地按设计图示尺寸及建筑物的首层面积计算。

⑤ 挖基础土方按设计图示尺寸及基础垫层底面积乘以挖土深度的天然密实体积计算。

⑥ 人工挖土方的体积应按槽底面积乘以挖土深度计算；槽底面积应以槽底的长度乘以槽底的宽，槽底长和宽是指混凝土垫层外边线加工作面，如有排水沟者应算排水沟外边线。排水沟的体积应纳入总土方量内。当需要放坡时，应将放坡的土方量合并于总土方量中。

⑦ 其他与土方开挖相关的工程量计算的统一规定详见花坛工程。

B. 与混凝土工程相关的工程量计算的统一规定

① 现浇钢筋混凝土基础包括：混凝土的浇筑、振捣、养护。

② 现浇钢筋混凝土基础项目应注明混凝土的强度等级，混凝土拌合料要求，还应注明垫层材料种类、厚度。

③ 现浇钢筋混凝土带形基础、独立基础、杯形基础、满堂基础按设计图示尺寸以体积计算，不扣除构件内钢筋、预埋件所占体积。

④ 现浇混凝土柱、梁、板、其他构件项目包括：混凝土制作、运输、振捣、养护。

⑤ 现浇混凝土柱项目应注明柱的高度、柱的截面尺寸、混凝土强度等级、混凝土拌合料要求。

C. 与饰面工程相关工程量计算的统一规定

① 挂贴大理石、花岗石项目包括：刷浆，预埋铁件，选料湿水，钻孔成槽，镶贴面层及阴阳角，磨光，打蜡，擦缝，养护。

粘贴大理石、花岗石项目包括：打底刷浆，镶贴块料面层，刷胶黏剂，切割面料，磨光，打蜡，擦缝，养护。

② 石材墙面，柱面，零星项目，园林小品，水池，花坛壁面。碎拼石材墙面，柱面，零星项目，园林小品，花坛壁面。块料墙面，柱面，零星项目，水池，花坛壁面项目应注明墙、柱类型，底层厚度，砂浆配合比，结合层厚度，材料种类、面层品种、规格、颜色、磨光、酸洗要求。

③ 柱面镶贴块料面层按设计图示尺寸以面积计算。

D. 与木构架亭顶屋面工程相关工程量计算的统一规定

① 木构件制作项目包括：放样，选料，截料，刨光，画线，制作及剔凿成型。

② 木构件安装项目包括：安装，吊线，校正，临时支撑。

③ 木柱、梁包括：构件制作，安装，刷防护材料、油漆。

④ 木构件基价中一般是以刨光的为准，刨光损耗已经包括在基价子目中。基价子目中的木材数量均为毛料。

⑤ 木构件基价中的原木，锯材是以自然干燥为准。如设计要求需烘干时，其费用另行计算。

⑥ 木构架中的木梁、木柱按设计图示尺寸以立方米计算。

⑦ 木屋面板项目包括：木板制作、安装，刷防护材料，油漆。

⑧ 木屋面板项目应注明木材种类，板厚，防护材料种类。

⑨ 木屋面板按设计尺寸以面积计算。

（2）工程量计算（图 3-18～图 3-23）

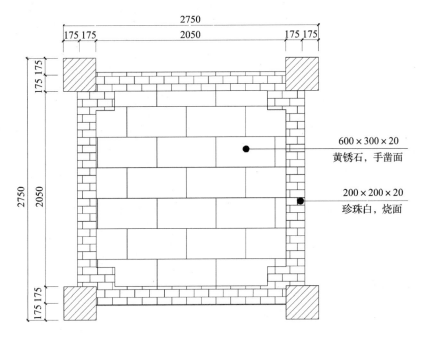

图 3-18　现代木构亭底平面

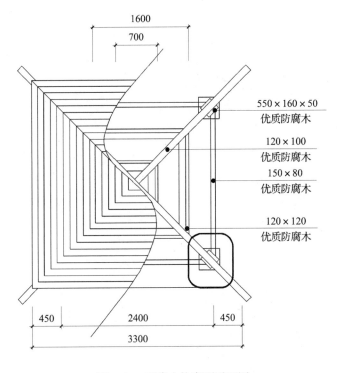

图 3-19　现代木构亭顶平面图

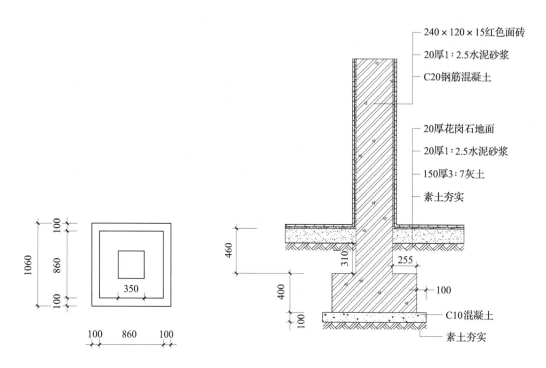

图 3-20　现代木构亭基础平面图　　　　　图 3-21　现代木构亭基础剖面图

240×120×15红色面砖
20厚1:2.5水泥砂浆
C20钢筋混凝土

20厚花岗石地面
20厚1:2.5水泥砂浆
150厚3:7灰土
素土夯实

C10混凝土
素土夯实

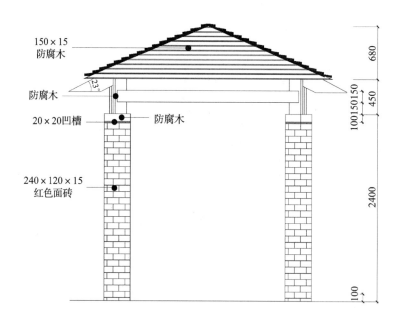

150×15
防腐木

防腐木

20×20凹槽　　防腐木

240×120×15
红色面砖

图 3-22　现代木构亭立面

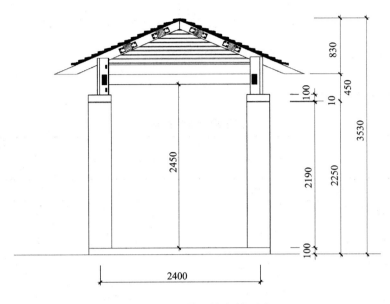

图 3-23 现代木构亭剖面图

① 平整场地：

$S = 2.75 \times 2.75 = 7.56 \text{m}^2$

② 挖地坑：

$V = (2.75 + 0.355) \times (2.75 + 0.355) \times (0.46 + 0.5) = 9.26 \text{m}^3$

③ 柱子基础垫层：

$V = 1.06 \times 1.06 \times 0.1 \times 4 = 0.45 \text{m}^3$

④ 柱下混凝土基础：

$V = 0.86 \times 0.86 \times 0.4 \times 4 = 1.18 \text{m}^3$

⑤ 混凝土柱：

$V = 0.35 \times 0.35 \times 3.16 \times 4 = 1.55 \text{m}^3$

⑥ 柱外贴红色面砖：

$S = 0.35 \times 4 \times 2.3 \times 4 = 12.88 \text{m}^2$

⑦ 地面素土夯实：

$V = (2.05 + 0.2 \times 2)^2 \times 0.15 = 0.9 \text{m}^3$

⑧ 地面 3:7 灰土：

$V = (2.05 + 0.2 \times 2)^2 \times 0.15 = 0.9 \text{m}^3$

⑨ 地面花岗石面层：

$S = 2.45 \times 2.45 = 6 \text{m}^2$

⑩ 亭顶防腐木条：

$$S = \left[\frac{1}{2} \times 3.3 \times \sqrt{\left(\frac{3.3}{2}\right)^2 + (0.68)^2} \right] \times 4 = 11.28 \text{m}^2$$

⑪ 木构架：

$V = V_{斜构架} + V_{四周防腐木架} + V_{直木柱}$

$$= \sqrt{\left(\frac{\sqrt{2} \times 3.7}{2}\right)^2 + (0.83)^2} \times 4 \times 0.12 \times 0.1 + 2.4 \times 4 \times 0.15 \times 0.08 + 1.6 \times 4 \times 0.12$$

$$\times 0.12 + 0.7 \times 4 \times 0.12 \times 0.12 + 0.55 \times 0.16 \times 0.05 \times 4$$

$$= 0.4 \text{ m}^3$$

（3）工程量清单计价表（表3-3）

工程量清单计价表

表3-3

序号	项目编码	项目名称	计量单位	工程数量	金额/元	
					综合单价	合价
1	053101001	平整场地	m^2	7.56	2.69	20.34
2	053101002	挖地坑	m^3	9.26	16.52	152.98
3	E.35.A	柱子基础垫层	m^3	0.45	230	103.5
4	053301002	柱下混凝土基础	m^3	1.18	550	649
5	050303001	混凝土柱	m^3	1.55	950	1472.5
6	053605003	柱外贴红色面砖	m^2	12.88	110	1416.8
7	E.35.A	地面素土夯实	m^3	0.9	65	58.5
8	E.2.A	地面3：7灰土	m^3	0.9	112.99	101.69
9	050201001	地面花岗石面层	m^2	6	120	720
10	050301302	亭顶防腐木条	m^2	11.28	99.94	1127.32
11	050303003	木构架	m^3	0.4	3120.6	1248.24
		合　计				7071

注：其他费用计取略。

4. 张拉膜亭

（1）与膜亭相关的工程量清单计价的统一规定

A. 与开挖土方及回填土方相关的工程量计算的统一规定

① 挖土工程：槽底宽度在3m以内，且长度是宽度3倍以上者为地槽；槽底面积在20m^2以内者为地坑；槽底宽度在3m以上，且槽底面积在20m^2以上者为挖土方。

② 挖基础土方项目包括：排地表水，土方开挖，挡土板支拆，基底钎探，土的运输。

③ 平整场地项目包括：标高在±30cm以内的就地挖填找平。就地的范围指人力能抛掷的距离。

④ 平整场地按设计图示尺寸及建筑物的首层面积计算。

⑤ 挖基础土方按设计图示尺寸及基础垫层底面积乘以挖土深度的天然密实体积计算。

⑥ 围墙的平整场地每边各加1m。

⑦ 人工挖土方的体积应按槽底面积乘以挖土深度计算；槽底面积应以槽底的长度乘以槽底的宽，槽底长和宽是指混凝土垫层外边线加工作面，如有排水沟者应算排水沟外边线。排水沟的体积应纳入总土方量内。当需要放坡时，应将放坡的土方量合并于总土方量中。

⑧ 人工挖地槽的体积应是外墙地槽和内墙地槽总体积。槽长的计算：外墙地槽按外

墙地槽的中心线计算，内墙地槽按内墙槽底净长度计算；槽宽按设计图示尺寸加工作面的宽度计算；槽深按自然地平至槽底计算。当需要放坡时，应将放坡的土方量合并于总土方量中。

⑨ 其他与土方开挖相关的工程量计算的统一规定详见花坛工程。

B. 与基础垫层相关的工程量计算的统一规定

① 混凝土基础垫层与混凝土基础的划分：混凝土厚度在12cm以内者为垫层，执行混凝土垫层基价子目；混凝土厚度在12cm以上者为基础，执行混凝土基础基价子目。

② 基础垫层项目包括：拌合，找平，分层夯实，砂浆调制，混凝土浇筑、振捣、养护，混凝土垫层还包括原土夯实。

③ 现浇混凝土其他构件按设计图示尺寸以体积计算，不扣除构件内钢筋、预埋铁件所占体积。

④ 基础垫层按设计图示尺寸以体积计算，其长度：外墙按中心线计算，内墙按垫层净长计算。

C. 与混凝土基础工程相关的工程量计算的统一规定

① 现浇钢筋混凝土基础包括：混凝土的浇筑、振捣、养护。

② 现浇钢筋混凝土基础项目应注明混凝土的强度等级，混凝土拌合料要求，还应注明垫层材料种类、厚度。

③ 现浇钢筋混凝土带形基础、独立基础、杯形基础、满堂基础按设计图示尺寸以体积计算，不扣除构件内钢筋、预埋件所占体积。

D. 与花坛饰面相关的工程量计算的统一规定

① 墙面勾缝项目包括：基层清理，砂浆制作、运输，勾缝。

② 花坛贴面包括：基层清理，砂浆制作、运输，底层抹灰，结合层铺贴。

③ 零星镶贴块料按设计图示尺寸以面积计算，花坛壁面镶贴块料按设计图示尺寸及面积计算。

E. 与现浇钢筋混凝土台壁、池壁相关的工程量计算的统一规定

① 现浇混凝土项目包括：混凝土浇筑、振捣、养护。

② 现浇混凝土水池，喷泉池，花池，花坛壁项目包括：混凝土制作、运输、浇筑、振捣、养护。

③ 现浇混凝土水池、喷泉池、花池壁，花坛壁项目应注明池壁类型、池壁厚度、混凝土强度等级、混凝土拌合料要求。

④ 混凝土水池，喷泉池，花池，花坛壁按设计图示尺寸以体积计算。

F. 与台阶相关的工程量计算的统一规定

① 石材台阶面、块料台阶面项目包括：试排弹线，刷素水泥浆，锯板磨边，铺贴饰面，擦缝，清理净面，基层清理，铺设垫层，抹找平层，面层铺贴，贴嵌防滑条，勾缝，刷防护材料。

② 水泥砂浆台阶面项目包括：抹面，找平，压实，养护基层清理，铺设垫层，抹找平层，抹面层，抹防滑条，材料运输。

③ 剁假石台阶面项目包括：抹面、找平、压实、剁面、养护，基层清理，铺设垫层，抹找平层，抹面层，剁假石，材料运输。

④ 石材台阶面、块料台阶面项目应注明材料种类、厚度，找平层厚度、砂浆配合比，黏结层材料种类，面层材料品种、规格、品牌、颜色，勾缝材料种类，防滑条材料种类、规格，防护材料种类。

⑤ 水泥砂浆台阶面项目应注明垫层材料种类、厚度，找平层厚度、砂浆配合比，面层厚度、砂浆配合比，防滑条材料种类。

⑥ 剁假石台阶面项目应注明垫层材料种类、厚度，找平层厚度、砂浆配合比，面层厚度、砂浆配合比，剁假石要求。

⑦ 台阶饰面和台阶混凝土项目均按设计图示尺寸以台阶（包括最上层踏步边沿加300mm）水平投影面积计算。

⑧ 台阶踏步防滑条按踏步两端距离减30cm，以米计算。

G. 与张拉膜相关的工程量计算的统一规定

根据目前天津及一些城市现行的施工及价格计算办法，张拉膜的施工是整体施工。包括膜亭的全部项目，包括基础及膜亭的主体，预算计价也是整体的价格，计量方法是按膜亭的展开面积计算的。

（2）工程量计算（图 3-24～图 3-27）

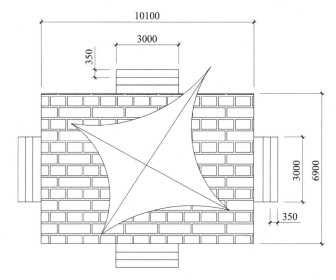

图 3-24 张拉膜亭平面图

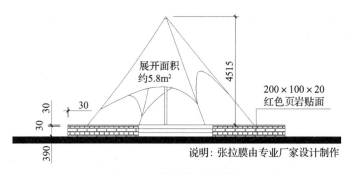

图 3-25 张拉膜亭立面图

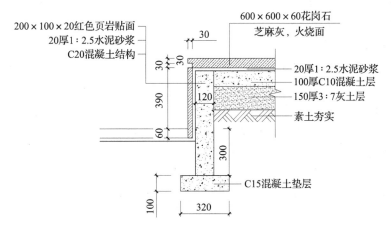

图 3-26 张拉膜亭亭台做法详图

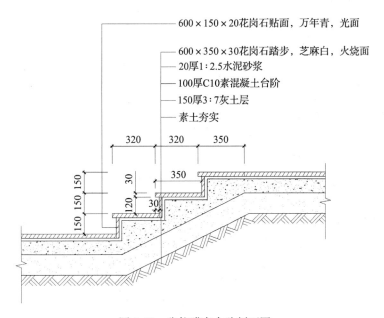

图 3-27 张拉膜亭台阶剖面图

① 平整场地：

$S=$长×宽$=6.9×10.1=69.69\text{m}^2$

② 挖土方：

按全开挖考虑计算 $V=$长×宽×高$=(10.1+0.2)×(6.9+0.2)×0.4=29.25\text{m}^3$

③ 亭下原土夯实：

按开挖面积计算 $S=(10.1+0.12)×(6.9+0.2)=72.56\text{m}^2$

④ 亭台下 3：7 灰土：

$V=$亭下净面积×厚$=(10.1-0.12×2)×(6.9-0.12×2)×0.15=9.85\text{m}^3$

⑤ 亭台下 C10 混凝土垫层：

$V=$亭下净面积×厚$=(10.1-0.12×2)×(6.9-0.12×2)×0.1=6.57\text{m}^3$

⑥ 地面芝麻灰花岗石面层：

按亭台实铺面积计算 $S=10.1\times6.9=69.69\text{m}^2$

⑦ 亭台侧面贴红色页岩：

$S=$ 亭台外周圈长×贴面高－台阶正立面所占面积

$\quad=(10.1+6.9)\times4\times0.45-3\times0.45\times4=25.2\text{m}^2$

⑧ 亭台四周 C20 混凝土壁：

$V=$ 周圈中心线长×混凝土墙壁断面$=[(10.1-0.06\times2)+(6.9-0.06\times2)]\times2\times$

$\quad0.12\times0.69=2.78\text{m}^3$

⑨ 混凝土壁下 C15 垫层：

$V=$ 周圈中心线长×垫层断面$=[(10.1-0.06\times2)+(6.9-0.06\times2)]\times2\times0.32\times0.1$

$\quad=1.07\text{m}^3$

⑩ 台阶混凝土：

$S=$ 台阶水平投影面积$=3\times1.05\times4=12.6\text{m}^2$

⑪ 台阶贴面（花岗石）：

$S=$ 台阶水平投影面积$=3\times1.05\times4=12.6\text{m}^2$

⑫ 台阶下 3：7 灰土：

$V=$ 台阶长×斜宽×厚$=3\times1.05\times0.15\times4=1.89\text{m}^3$

⑬ 张拉膜亭：

$S=$ 实际测得膜面面积$=5.8\times4$ 面$=23.2\text{m}^2$

（3）工程量清单计价表（表 3-4）

工程量清单计价表　　　　　　　　　　　　　　表 3-4

序号	项目编码	项 目 名 称	计量单位	工程数量	金额/元	
					综合单价	合价
1	053101001	平整场地	m^2	69.69	2.69	187.47
2	053101002	挖土方	m^3	29.25	11.34	331.7
3	E.31.B	亭下原土夯实	m^2	72.56	0.74	53.69
4	E.35.A	亭台下 3：7 灰土	m^3	9.85	115.41	1136.79
5	E.35.A	亭台下 C10 混凝土垫层	m^3	6.57	230	1511.1
6	053502001	地面芝麻灰花岗石面层	m^2	69.69	110	7665.9
7	053606001	亭台侧面贴红色页岩	m^2	25.2	160	4032
8	053308001	亭台四周 C20 混凝土壁	m^3	2.78	980	2724.4
9	E.35.A	混凝土壁下 C15 垫层	m^3	1.07	260	278.2
10	053506003	台阶混凝土	m^2	12.6	96	1209.6
11	053506001	台阶贴面（花岗石）	m^2	12.6	116	1461.6
12	E.33.D	台阶下 3：7 灰土	m^3	1.89	115.41	218.12
13	生项	张拉膜亭	m^2	23.2	110	2552
	总计					23362.57

注：其他费用计取略。

(二) 花架、门廊

1. 绿廊

(1) 相关专业知识介绍

廊在园林中应用广泛，它除了能遮阳、避雨、供游人休息以外，更重要的功能是组织观赏景物的游览路线，同时它也是划分园林空间的重要手段。廊本身具有一定的观赏价值，在园林景观中可以独立成景。廊的形式按平面形式分：直廊、曲廊、回廊；按结构形式分：两面带柱的空廊、一面为柱一面围墙的半廊、两面为柱中间有墙的复廊；按其位置分：走廊、爬山廊、水廊、桥廊等。廊一般为长条形建筑物，从平面和空间上看都是相同的建筑单元"间"的连续和发展。廊柱之间常设有坐凳、栏杆。廊顶的形式多作成卷棚、坡顶。亭顶上多采用瓦结构，亭内常以彩绘作装饰。廊还可以与其他建筑相结合产生其他新的功能。

绿廊可以说是用植物材料做成顶的廊，它和廊一样可为游人提供遮阳、驻足之处，供观赏并点缀园内风景，还有组织空间、划分景区、增加风景的景深层次的作用。绿廊能把植物生长与人们的游览、休息紧密地结合在一起，故具有接近自然的特点。绿廊的造型简洁、轻巧，特别适用于植物的自由攀缘。按其构造材料分：竹花架、木花架、钢花架、石材花架、钢筋混凝土绿廊等。

(2) 与绿廊相关的工程量清单计价的统一规定

A. 与开挖土方及回填土方相关的工程量计算的统一规定

① 挖土工程：槽底宽度在 3m 以内，且长度是宽度 3 倍以上者为地槽；槽底面积在 20m² 以内者为地坑；槽底宽度在 3m 以上，且槽底面积在 20m² 以上者为挖土方。

② 挖基础土方项目包括：排地表水，土方开挖，挡土板支拆，基底钎探，土的运输。

③ 平整场地项目包括：标高在 ±30cm 以内的就地挖填找平。就地的范围指人力能抛掷的距离。

④ 挖基础土方按设计图示尺寸及基础垫层底面积乘以挖土深度的天然密实体积计算。

⑤ 人工挖地槽的体积应是外墙地槽和内墙地槽总体积。槽长的计算：外墙地槽按外墙地槽的中心线计算，内墙地槽按内墙槽底净长度计算；槽宽按设计图示尺寸加工作面的宽度计算；槽深按自然地平至槽底计算。当需要放坡时，应将放坡的土方量合并于总土方量中。

⑥ 其他与开挖项目相关的工程量计算的统一规定详见花坛工程。

B. 与基础垫层相关的工程量计算的统一规定

① 混凝土基础垫层与混凝土基础的划分：混凝土厚度在 12cm 以内者为垫层，执行混凝土垫层基价子目；混凝土厚度在 12cm 以上者为基础，执行混凝土基础基价子目。

② 基础垫层项目包括：拌合，找平，分层夯实，砂浆调制，混凝土浇筑、振捣、养护，混凝土垫层还包括原土夯实。

③ 现浇混凝土其他构件按设计图示尺寸以体积计算，不扣除构件内钢筋、预埋铁件所占体积。

④ 基础垫层按设计图示尺寸以体积计算，其长度：外墙按中心线，内墙按垫层净长计算。

C. 与混凝土工程相关的工程量计算的统一规定

① 现浇钢筋混凝土基础包括：混凝土的浇筑、振捣、养护。

② 现浇钢筋混凝土基础项目应注明混凝土的强度等级，混凝土拌合料要求，还应注明垫层材料种类、厚度。

③ 现浇钢筋混凝土带形基础、独立基础、杯形基础、满堂基础按设计图示尺寸以体积计算，不扣除构件内钢筋、预埋件所占体积。

④ 现浇混凝土柱项目应注明柱的高度、柱的截面尺寸，混凝土强度等级，混凝土拌合要求。

⑤ 现浇混凝土柱按设计图示尺寸以体积计算，不扣除构件内钢筋、预埋件所占体积，其柱高按全高计算，嵌入墙体部分并入柱身体积。

⑥ 混凝土压顶按设计图示尺寸按体积计算。

D. 与饰面工程相关工程量计算的统一规定

① 挂贴大理石、花岗石项目包括：刷浆，预埋铁件，选料湿水，钻孔成槽，镶贴面层及阴阳角，磨光，打蜡，擦缝，养护。

② 粘贴大理石、花岗石项目包括：打底刷浆，镶贴块料面层，刷胶黏剂，切割面料，磨光，打蜡，擦缝，养护。

③ 石材墙面、柱面，零星项目，园林小品，水池，花坛壁面。碎拼石材墙面、柱面，零星项目，园林小品，花坛壁面。块料墙面、柱面，零星项目，水池，花坛壁面项目包括：基层清理，砂浆制作，运输，底层抹灰，结合层铺贴，面层铺贴，镶缝，刷防护材料，磨光，酸洗，打蜡。

④ 石材墙面、柱面，零星项目，园林小品，水池，花坛壁面。碎拼石材墙面、柱面，零星项目，园林小品，花坛壁面。块料墙面、柱面，零星项目，水池，花坛壁面项目应注明墙、柱类型，底层厚度，砂浆配合比，结合层厚度，材料种类，面层品种、规格、颜色、磨光、酸洗要求。

⑤ 零星项目适用于池槽等。

⑥ 柱面镶贴块料面层按设计图示尺寸以面积计算。

E. 与金属结构工程相关工程量计算的统一规定

① 金属构件制作项目包括：放样，钢材校正，划线下料，平直，钻孔，刨边，倒棱，煨弯，装配，焊接成品，校正，运输，堆放。

② 金属构件安装项目包括：构件加固、吊装校正、拧紧螺栓、电焊固定、构件翻身、就位、场内运输。

③ 金属构件项目包括：除锈、清扫、打磨、刷油。

④ 金属花架柱、梁项目应注明钢材品种、规格，柱、梁截面，油漆品种，刷漆遍数。

⑤ 金属构件制作是按焊接为主考虑的，对构件局部采用螺栓连接时，宜考虑在基价内部再换算，但如遇有铆接为主的构件时，应另行补充基价子目。

⑥ 金属构件基价中的油漆，一般均综合考虑了防锈漆一道，调合漆两道，如设计要求不同时，可按刷油漆项目的有关规定计算刷油漆。

⑦ 金属花架柱、梁按设计图示以重量计算。

（3）工程量计算（图 3-28～图 3-31）

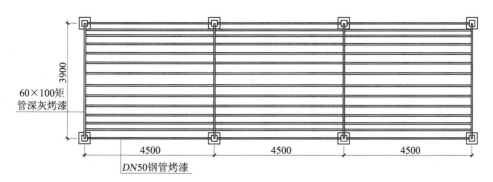

60×100矩
管深灰烤漆

DN50钢管烤漆

4500   4500   4500

3900

图 3-28 绿廊顶平面图

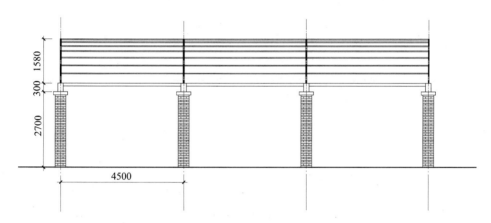

1580

300

2700

4500

图 3-29 绿廊立面图

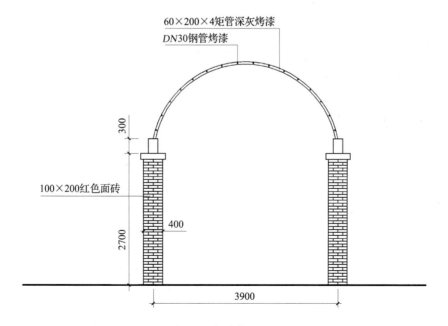

60×200×4矩管深灰烤漆

DN30钢管烤漆

300

100×200红色面砖

400

2700

3900

图 3-30 绿廊侧立面图

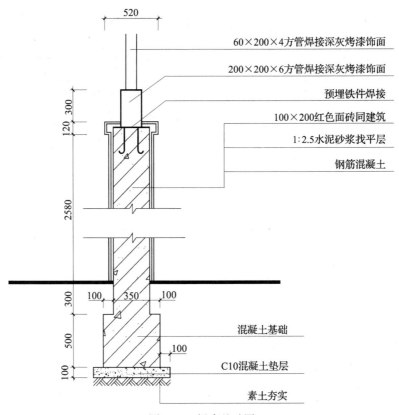

图 3-31　绿廊基础图

① 平整场地：

$S = (4.5 \times 3 + 0.2 \times 2) \times (3.9 + 0.2 \times 2) = 59.77 \mathrm{m}^2$

② 柱基开挖：

$V = (0.75 + 0.6) \times (0.75 + 0.6) \times 0.9 \times 8 = 13.12 \mathrm{m}^3$

③ 柱基 C10 混凝土垫层：

$V = 0.75 \times 0.75 \times 0.1 \times 8 = 0.45 \mathrm{m}^3$

④ 混凝土柱基：

$V = 0.55 \times 0.55 \times 0.5 \times 8 = 1.21 \mathrm{m}^3$

⑤ 回填土：

$V =$ 开挖量减除垫层，混凝土基础，柱基量 $= 13.12 - 0.45 - 1.21 - 0.35 \times 0.35 \times 0.3 \times 8$
　　$= 11.17 \mathrm{m}^3$

⑥ 混凝土柱：

$V = 0.35 \times 0.35 \times (0.3 + 2.58) \times 8 + 0.52 \times 0.12 \times 0.52 \times 8 = 3.08 \mathrm{m}^3$

⑦ 柱面抹水泥砂浆面：

$S = 0.4 \times 4 \times (2.58 + 0.12) \times 8 + (0.52 \times 0.52 + 0.52 \times 0.06 \times 4 - 0.06 \times 0.06 \times 4) \times$
$8 = 37.61 \mathrm{m}^2$

⑧ 柱面贴红色面砖：

$S = 0.4 \times 4 \times (2.58 + 0.12) \times 8 + (0.52 \times 0.52 + 0.52 \times 0.06 \times 4 - 0.06 \times 0.06 \times 4) \times$

$8=37.61m^2$

⑨ 绿廊架:

$a.\ 200\times200$ 方管　　重$=0.4\times8\times$每米重量$=3.2\times37.68=120.58kg$

$b.\ 200\times60$ 方管　　重$=\dfrac{2\times3.14\times1.8}{2}\times4\times$每米重量$=22.61\times16.33=369.22kg$

$c.\ DN30$ 钢管　　重$=4.5\times14\times3\times$每米重量$1.58=298.62kg$

$d.\ DN50$ 钢管　　重$=4.5\times3\times2\times$每米重量$2.93=79.11kg$

总计重量$=867.53kg$

（4）工程量清单计价表（表 3-5）

工程量清单计价表　　　　　　　　　　　　　　　　　表 3-5

序号	项目编码	项 目 名 称	计量单位	工程数量	金额/元	
					综合单价	合价
1	053101001	平整场地	m^2	59.77	2.69	160.78
2	053101002	挖地坑	m^3	13.12	16.52	216.74
3	E.33.D	C10 混凝土基础垫层	m^3	0.45	230	103.5
4	053301002	C20 钢筋混凝土基础	m^3	1.21	550	665.5
5	053103001	回填土	m^3	11.17	9.47	105.78
6	050303001	混凝土柱	m^3	3.08	850	2618
7	053602001	柱面抹水泥砂浆面	m^2	37.61	14.87	559.26
8	053605003	柱面贴红色面砖	m^2	37.61	65	2444.65
9	050303004	绿廊架	t	0.867	3615.61	3134.73
		总　　计				10121

注：其他费用计取略。

2. 木廊架

（1）相关专业知识介绍

廊架是花架的一种。花架指供游人休息、赏景的棚架；它的形式多种多样，造型灵活轻巧，有直线形、曲线形、单臂式、双臂式等；它还具有组织空间、划分景区、增加景深的作用。常用的材料有混凝土、木材、钢材等。其组成为梁、檩、柱、坐凳等。

花架可以说是用植物材料做成顶的廊，它和廊一样可为游人提供遮阳、驻足之处，供观赏并点缀园内风景，还有组织空间、划分景区、增加景深层次的作用。花架能把植物生长与人们的游览、休息紧密地结合在一起，故具有接近自然的特点。花架的造型简洁、轻巧，特别适用于植物自由攀缘。按其构造材料分：竹花架、木花架、钢花架、石材花架、钢筋混凝土花架等。

（2）与木廊架相关的工程量清单计价的统一规定

A. 与开挖土方及回填土方相关的工程量计算的统一规定

① 挖土工程：槽底宽度在 3m 以内，且长度是宽度 3 倍以上者为地槽；槽底面积在 $20m^2$ 以内者为地坑；槽底宽度在 3m 以上，且槽底面积在 $20m^2$ 以上者为挖土方。

② 挖基础土方项目包括：排地表水，土方开挖，挡土板支拆，基底钎探，土的运输。

③ 平整场地项目包括：标高在±30cm 以内的就地挖填找平。就地的范围指人力能抛掷的距离。

④ 围墙的平整场地每边各加 1m。

⑤ 挖基础土方按设计图示尺寸及基础垫层底面积乘以挖土深度的天然密实体积计算。

⑥ 人工挖地槽的体积应是外墙地槽和内墙地槽总体积。槽长的计算：外墙地槽按外墙地槽的中心线计算，内墙地槽长度按内墙槽底净长度计算；槽宽按设计图示尺寸加工作面的宽度计算；槽深按自然地平至槽底计算。当需要放坡时，应将放坡的土方量合并于总土方量中。

⑦ 其他与开挖项目相关的工程量计算的统一规定详见花坛工程。

B. 与基础垫层相关的工程量计算的统一规定

① 混凝土基础垫层与混凝土基础的划分：混凝土厚度在 12cm 以内者为垫层，执行混凝土垫层基价子目；混凝土厚度在 12cm 以上者为基础，执行混凝土基础基价子目。

② 基础垫层项目包括：拌合，找平，分层夯实，砂浆调制，混凝土浇筑、振捣、养护，混凝土垫层还包括原土夯实。

③ 现浇混凝土其他构件按设计图示尺寸以体积计算，不扣除构件内钢筋、预埋铁件所占体积。

④ 基础垫层按设计图示尺寸以体积计算，其长度：外墙按中心线，内墙按垫层净长计算。

C. 与混凝土工程相关的工程量计算的统一规定

① 现浇钢筋混凝土基础包括：混凝土的浇筑、振捣、养护。

② 现浇钢筋混凝土基础项目应注明混凝土的强度等级，混凝土拌合料要求，还应注明垫层材料种类、厚度。

③ 现浇钢筋混凝土带形基础、独立基础、杯形基础、满堂基础按设计图示尺寸以体积计算，不扣除构件内钢筋、预埋件所占体积。

D. 与木构件相关的工程量计算的统一规定

① 木构件制作项目包括：放样、选料、截料、刨光、画线、制作及剔凿成型。

② 木构件安装项目包括：安装、吊线、校正、临时支撑。

③ 木花架柱、梁包括：构件制作、安装，刷防护材料、油漆。

④ 木花架柱、梁项目应注明木材种类，梁的截面，连接方式，防护材料种类。

⑤ 木构件基价中一般是以刨光的为准，刨光损耗已经包括在基价子目中。基价子目中的木材数量均为毛料。

⑥ 木构件基价中的原木、锯材以自然干燥为准，如设计要求需烘干时，其费用另行计算。

⑦ 木构架中的木梁、木柱按设计图示尺寸以立方米计算。

E. 与饰面工程相关工程量计算的统一规定

① 挂贴大理石、花岗石项目包括：刷浆，预埋铁件，选料湿水，钻孔成槽，镶贴面

层及阴阳角，磨光，打蜡，擦缝，养护。

②粘贴大理石、花岗石项目包括：打底刷浆，镶贴块料面层，刷胶粘剂，切割面料，磨光，打蜡，擦缝，养护。

③石材墙面、柱面，零星项目，园林小品，水池，花坛壁面。碎拼石材墙面、柱面，零星项目，园林小品，花坛壁面。块料墙面、柱面，零星项目，水池，花坛壁面项目包括：基层清理，砂浆制作，运输，底层抹灰，结合层铺贴，面层铺贴，镶缝，刷防护材料，磨光，酸洗，打蜡。

④石材墙面、柱面，零星项目，园林小品，水池，花坛壁面。碎拼石材墙面、柱面，零星项目，园林小品，花坛壁面。块料墙面、柱面，零星项目，水池，花坛壁面项目应注明墙、柱类型，底层厚度，砂浆配合比，结合层厚度，材料种类，面层品种、规格、颜色、磨光、酸洗要求。

⑤零星项目适用于池槽等。

⑥柱面镶贴块料面层按设计图示尺寸以面积计算。

（3）工程量计算（图3-32～图3-35）

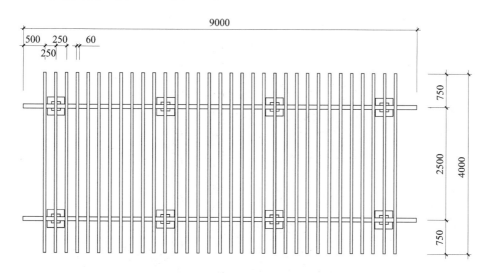

图 3-32　木廊架顶平面图

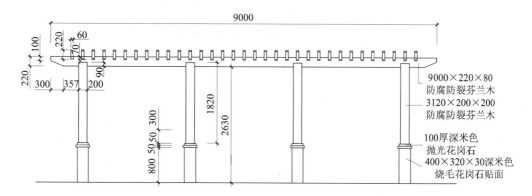

图 3-33　木廊架立面一

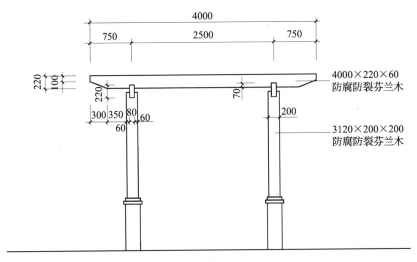

图 3-34　木廊架立面二

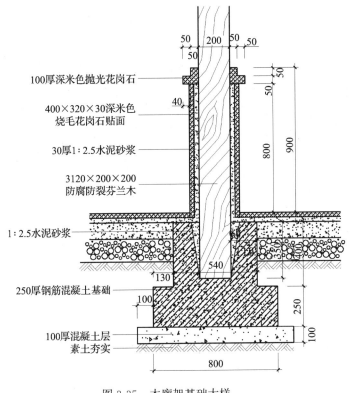

100厚深米色抛光花岗石

400×320×30深米色
烧毛花岗石贴面

30厚1:2.5水泥砂浆

3120×200×200
防腐防裂芬兰木

1:2.5水泥砂浆

250厚钢筋混凝土基础

100厚混凝土层
素土夯实

图 3-35　木廊架基础大样

① 平整场地：

$S=长×宽=9×4=36m^2$

② 柱基础：

a. 挖地坑：

$V=长(加工作面)×宽(加工作面)×高=1.6×1.6×0.75×8=15.36m^3$

b. C10 混凝土基础垫层：

$V = 断面 \times 高 = 1 \times 1 \times 0.1 \times 8 = 0.8 m^3$

c. C20 钢筋混凝土基础：

$V = 断面 \times 高 = 0.8 \times 0.8 \times 0.25 \times 8 + (0.54 \times 0.54 \times 0.4 - 0.2 \times 0.2 \times 0.35) \times 8 = 2.1 m^3$

③ 木廊架：

a. 木柱：

$V = 3.12 \times 0.2 \times 0.2 \times 8 = 1 m^3$

b. 木梁：

$V = 3 \times 0.22 \times 0.08 \times 2 = 0.32 m^3$

c. 木檩条：

$V = 4 \times 0.22 \times 0.06 \times 33 = 1.742 m^3$

$V_{合计} = 3.06 m^3$

d. 木立柱外贴 100 厚深米色抛光花岗石光面层：

$S = 周圈长 \times 高 = (0.2 \times 4) \times 0.1 \times 8 = 0.64 m^2$

e. 木柱外贴 30 厚深米色烧毛花岗石光面层：

$S = 周圈长 \times 高 = (0.2 \times 4) \times 0.8 \times 8 = 5.12 m^2$

（4）工程量清单计价表（表 3-6）

工程量清单计价表   表 3-6

序号	项目编码	项 目 名 称	计量单位	工程数量	金额/元 综合单价	金额/元 合价
1	053101001	平整场地	m²	36	2.69	96.84
2	053101002	挖地坑	m³	15.36	16.52	253.75
3	E.33.D	C10 混凝土基础垫层	m³	0.8	230	184
4	053301002	C20 钢筋混凝土基础	m³	2.1	550	1155
5	050303003	木廊架	m³	2.852	2718.92	7754.36
6	053605001	柱外贴 100 厚深米色抛光花岗石光面层	m²	0.64	260	166.4
7	053605001	柱外贴 30 厚深米色烧毛花岗石面层	m²	5.12	180	921.6
		总 计				10532

注：其他费用计取略。

3. 自行车棚架

（1）相关专业知识介绍

在园林景观中，自行车棚是个常见的而又广泛使用的园林小品，它在使用功能和外观上也极具点缀作用。它的形式多种多样，造型灵活轻巧，有直线形、曲线形、单臂式、双臂式等；常用的材料有混凝土、木材、钢材等。

（2）与自行车棚相关的工程量清单计价的统一规定

A. 与开挖土方及回填土方相关的工程量计算的统一规定

① 挖土工程：槽底宽度在 3m 以内，且长度是宽度 3 倍以上者为地槽；槽底面积在 20m² 以内者为地坑；槽底宽度在 3m 以上，且槽底面积在 20m² 以上者为挖土方。

② 挖基础土方项目包括：排地表水，土方开挖，挡土板支拆，基底钎探，土的运输。

③ 平整场地项目包括：标高在±30cm以内的就地挖填找平。就地的范围指人力能抛掷的距离。

④ 平整场地按设计图示尺寸及建筑物的首层面积计算。

⑤ 挖基础土方按设计图示尺寸及基础垫层底面积乘以挖土深度的天然密实体积计算。

⑥ 围墙的平整场地每边各加1m。

⑦ 人工挖土方的体积应按槽底面积乘以挖土深度计算；槽底面积应以槽底的长度乘以槽底的宽，槽底长和宽是指混凝土垫层外边线加工作面，如有排水沟者应算排水沟外边线。排水沟的体积应纳入总土方量内。当需要放坡时，应将放坡的土方量合并于总土方量中。

⑧ 人工挖地槽的体积应是外墙地槽和内墙地槽的总体积。槽长的计算：外墙地槽按外墙地槽的中心线计算，内墙地槽按内墙槽底净长度计算；槽宽按设计图示尺寸加工作面的宽度计算；槽深按自然地平至槽底计算。当需要放坡时，应将放坡的土方量合并于总土方量中。

⑨ 其他与土方开挖相关的工程量计算的统一规定详见花坛工程。

B. 与地面相关的工程量计算的统一规定

① 园路卵石路面层项目包括：清理基层，放线，调制、运、抹砂浆，铺镶卵石，清理净面，养护。

② 园路混凝土块料面层项目包括：清理基层，放线，调配铺筑，铺砌面层，镶缝，清扫。

③ 园路大理石、花岗石、彩釉砖、广场砖块料面层项目包括：清理基层，放线，调制、运砂浆。

④ 园路路床整理项目包括：标高在±30cm以内的就地挖填找平，夯实，整修，弃土1m以外。

⑤ 基础垫层项目包括：筛土，浇水，拌合，铺设，找平，夯实；混凝土浇筑、振捣、养护。

⑥ 园路项目包括：园路路基，路床整理，垫层铺筑，路面铺筑，路面养护。

⑦ 园路项目应注明垫层厚度、宽度，材料种类，路面厚度、宽度，材料种类，混凝土强度等级，砂浆强度等级。

⑧ 园路按设计图示尺寸以面积计算，不包括路牙。

C. 与混凝土工程相关的工程量计算的统一规定

① 现浇钢筋混凝土基础包括：混凝土的浇筑、振捣、养护。

② 现浇钢筋混凝土基础项目应注明混凝土的强度等级，混凝土拌合料要求，还应注明垫层材料种类、厚度。

③ 现浇钢筋混凝土带形基础、独立基础、杯形基础、满堂基础按设计图示尺寸以体积计算，不扣除构件内钢筋、预埋件所占体积。

D. 与木构件相关的工程量计算的统一规定

① 木构件制作项目包括：放样、选料、截料、刨光、画线、制作及剔凿成型。

② 木构件安装项目包括：安装、吊线、校正、临时支撑。

③ 木花架柱、梁包括：构件制作，安装，刷防护材料、油漆。

④ 木花架柱、梁项目应注明木材种类，梁的截面，连接方式，防护材料种类。

⑤ 木构件基价中一般是以刨光的为准，刨光损耗已经包括在基价子目中。基价子目中的木材数量均为毛料。

⑥ 木构件基价中的原木、锯材是以自然干燥为准。如设计要求需烘干时，其费用另行计算。

⑦ 木构架中的木梁、木柱按设计图示尺寸以立方米计算。

E. 与饰面工程相关工程量计算的统一规定

① 挂贴大理石、花岗石项目包括：刷浆，预埋铁件，选料湿水，钻孔成槽，镶贴面层及阴阳角，磨光，打蜡，擦缝，养护。

② 粘贴大理石、花岗石项目包括：打底刷浆，镶贴块料面层，刷胶黏剂，切割面料，磨光，打蜡，擦缝，养护。

③ 石材墙面、柱面，零星项目，园林小品，水池，花坛壁面。碎拼石材墙面、柱面，零星项目，园林小品，花坛壁面。块料墙面、柱面，零星项目，水池，花坛壁面项目包括：基层清理，砂浆制作，运输，底层抹灰，结合层铺贴，面层铺贴，镶缝，刷防护材料，磨光，酸洗，打蜡。

④ 石材墙面、柱面，零星项目，园林小品，水池，花坛壁面。碎拼石材墙面、柱面，零星项目，园林小品，花坛壁面。块料墙面，柱面，零星项目，水池，花坛壁面项目应注明墙、柱类型，底层厚度，砂浆配合比，结合层厚度，材料种类，面层品种、规格、颜色、磨光、酸洗要求。

⑤ 零星项目适用于池槽等。

⑥ 柱面镶贴块料面层按设计图示尺寸以面积计算。

⑦ 阳光板以实铺面积计算。

（3）工程量计算（图 3-36～图 3-43）

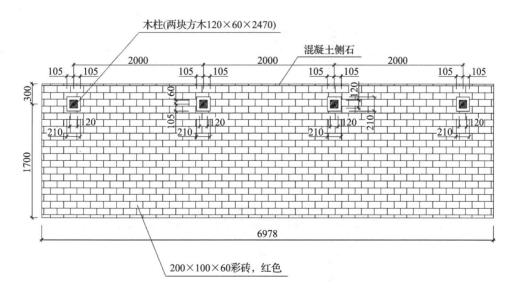

图 3-36　自行车棚平面图

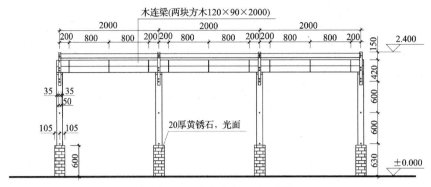

图 3-37　自行车棚正立面图

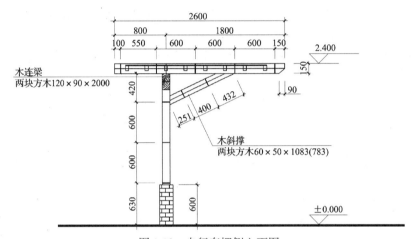

图 3-38　自行车棚侧立面图

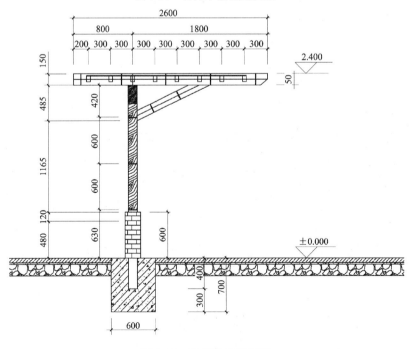

图 3-39　自行车棚剖面图

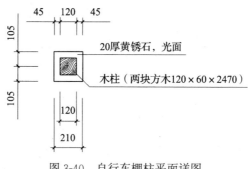

图 3-40 自行车棚柱平面详图

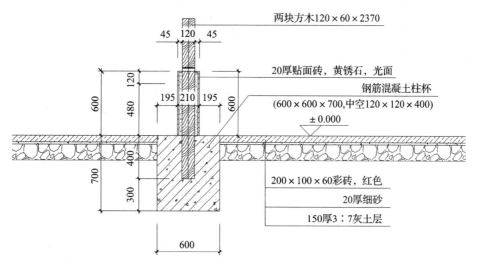

图 3-41 自行车棚柱基础详图

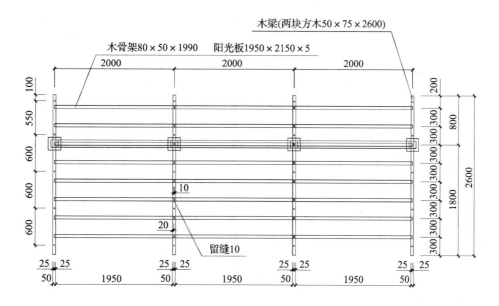

图 3-42 自行车棚架平面图

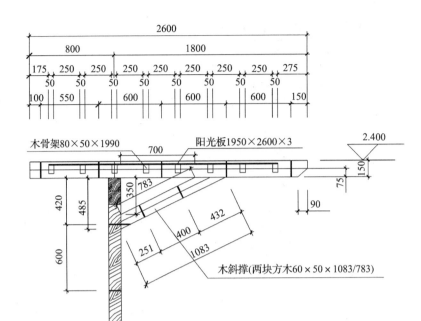

图 3-43 自行车棚架顶棚详图

① 平整场地：

$S=长\times宽=6.978\times2=13.96\mathrm{m}^2$

② 开挖土方：

$V=面积\times厚度+柱子基础=6.978\times2\times0.23+0.6\times0.6\times0.47\times4$

$=3.89\mathrm{m}^3$

③ 地面 3∶7 灰土：

$V=面积\times厚度-柱子所占体积=6.978\times2\times0.15-0.6\times0.6\times0.15\times4$

$=1.88\mathrm{m}^3$

④ 铺地砖：

$S=实铺面积-柱子所占面积=6.978\times2-0.6\times0.6\times4=12.52\mathrm{m}^2$

⑤ 柱下基础混凝土：

$V=实体积=0.6\times0.6\times0.7\times4=1.01\mathrm{m}^3$

⑥ 木构架：

a. 木柱：实体积$\times$个数$=0.12\times0.06\times2\times4\times2.37=0.14\mathrm{m}^3$

b. 木连梁：实体积$\times$个数$=0.12\times0.09\times2\times2\times3=0.13\mathrm{m}^3$

c. 木骨架：实体积$\times$个数$=1.99\times0.05\times0.08\times8=0.064\mathrm{m}^3$

d. 木梁：实体积$\times$个数$=2.6\times0.05\times0.075\times8=0.078\mathrm{m}^3$

e. 木斜撑：实体积$\times$个数$=0.06\times0.05\times1.083\times4+0.06\times0.05\times0.783\times4=0.023\mathrm{m}^3$

f. 总计$=0.432\mathrm{m}^3$

⑦ 柱下黄锈石贴面：

$S=柱的周长\times高=0.12\times4\times0.6\times4=1.152\mathrm{m}^2$

⑧ 阳光板：

$S=$实铺面积$=1.95\times2.6\times3=15.21m^2$

（4）工程量清单计价表（表 3-7）

工程量清单计价表

表 3-7

序号	项目编码	项 目 名 称	计量单位	工程数量	金额/元	
					综合单价	合价
1	053101001	平整场地	m²	13.96	2.69	37.55
2	053101002	开挖土方	m³	3.89	11.34	44.11
3	E.35.A	地面 3：7 灰土	m³	1.88	112.99	212.42
4	050201001	铺地砖	m²	12.52	29.39	367.96
5	053301002	柱下基础混凝土	m³	1.01	550	555.50
6	050303003	木构架	m³	0.432	2718.92	1174.57
7	053605001	柱下黄锈石贴面	m²	1.152	120	138.24
8	生项	阳光板	m²	15.21	130	1977.30
	总　计					4508

注：其他费用计取表略。

（三）园林水景

1. 旱喷泉

（1）相关专业知识介绍

园林中以水为主题形成的景观即所谓的水景。水的声、形、色、光都可以成为人们观赏的对象。园林中的水有动静之分，园中的水池是静水；而溪涧、瀑布是动水。静水给人以安详、宁静的感受；而动水则让人联想到灵动，给人以生命力。园林水景一般常见的有池沼、戏水、水洞、瀑布、喷泉、壁泉、叠水等。

喷泉是在园林景观中设计的一种独立的景观。一般常见的有普通的装饰型喷泉，与雕塑结合的喷泉，用人工或机械塑造出的水雕塑，利用各种电子技术按照程序来控制的呈变换状态（指水、声、音、色）的自控喷泉等。旱喷泉也是喷泉的一种形式，它以独特的形式使人能身临其境感受到水的灵动。

（2）与旱喷泉相关的工程量清单计价的统一规定

A. 与开挖土方及回填土方相关的工程量计算的统一规定

① 挖土工程：槽底宽度在 3m 以内，且长度是宽度 3 倍以上者为地槽；槽底面积在 20m² 以内者为地坑；槽底宽度在 3m 以上，且槽底面积在 20m² 以上者为挖土方。

② 挖基础土方项目包括：排地表水，土方开挖，挡土板支拆，基底钎探，土的运输。

③ 平整场地项目包括：标高在 ±30cm 以内的就地挖填找平。就地的范围指人力能抛掷的距离。

④ 平整场地按设计图示尺寸及建筑物的首层面积计算。

⑤ 挖基础土方按设计图示尺寸及基础垫层底面积乘以挖土深度的天然密实体积计算。

⑥ 人工挖土方的体积应按槽底面积乘以挖土深度计算；槽底面积应以槽底的长度乘以槽底的宽，槽底长和宽是指混凝土垫层外边线加工作面，如有排水沟者应算排水沟外边线。

排水沟的体积应纳入总土方量内。当需要放坡时，应将放坡的土方量合并于总土方量中。

⑦ 其他与土方开挖相关的工程量计算的统一规定详见花坛工程。

B. 与地面相关的工程量计算的统一规定

① 园路卵石路面层项目包括：清理基层，放线，调制、运、抹砂浆，铺镶卵石，清理净面，养护。

② 园路混凝土块料面层项目包括：清理基层，放线，调配铺筑，铺砌面层，镶缝，清扫。

③ 园路大理石、花岗石、彩釉砖、广场转块料面层项目包括：清理基层，放线，调制、运砂浆。

④ 园路路床整理项目包括：标高在±30cm 以内的就地挖填找平，夯实，整修，弃土1m 以外。

⑤ 基础垫层项目包括：筛土，浇水，拌合，铺设，找平，夯实；混凝土浇筑，振捣，养护。

⑥ 园路项目包括：园路路基，路床整理，垫层铺筑，路面铺筑，路面养护。

⑦ 园路项目应注明垫层厚度、宽度，材料种类，路面厚度、宽度，材料种类，混凝土强度等级，砂浆强度等级。

⑧ 园路按设计图示尺寸以面积计算，不包括路牙。

C. 与混凝土池底、池壁及抹面，井算子相关的工程量计算的统一规定

① 现浇混凝土池槽项目包括：混凝土制作、运输、振捣、养护。

② 钢筋混凝土项目还包括：螺栓、铁件制作、安装。

③ 现浇混凝土零星构件按图示尺寸以体积计算。

④ 池槽抹面是按设计图示尺寸以展开面积计算。

⑤ 找平层的工程量均按平方米计算。

⑥ 不锈钢算子是按平方米计算的（考虑不锈钢的品种、壁厚）。

（3）工程量计算（图 3-44～图 3-46）

① 平整场地：

$S = 3.14 \times$ 大小椭圆半径 $= 3.14 \times 8 \times 16 = 401.92 m^2$

② 挖土方：

$V =$ 椭圆面积×开挖高度+旱喷池开挖（低于铺装部分）+泵坑开挖 $= 3.14 \times 8 \times 16 \times 0.2 + (12.5 + 0.6) \times 1.49 \times 0.672 \times 2 + 1.6 \times 1.6 \times 1.2 = 109.69 m^3$

③ 广场地面：

a. 原土夯实：

$S = 3.14 \times 8 \times 16 - 12.5 \times 0.59 \times 2 - 0.8 \times 0.8 = 386.53 m^2$

b. 3:7 灰土：

$V = 3.14 \times 8 \times 16 \times 0.15 - 12.5 \times 0.59 \times 2 \times 0.15 - 0.8 \times 0.8 \times 0.15 = 57.98 m^3$

c. 花岗石地面面层：

$S = 3.14 \times (8 - 0.15 \times 2) \times (16 - 0.15 \times 2) - 12.5 \times 0.59 \times 2 - 0.8 \times 0.8 = 364.2 m^2$

d. 黑色花岗石条石：

$L =$ 椭圆周长 $= 3.14 \times \sqrt{2(8^2 + 16^2)} = 79.44 m$

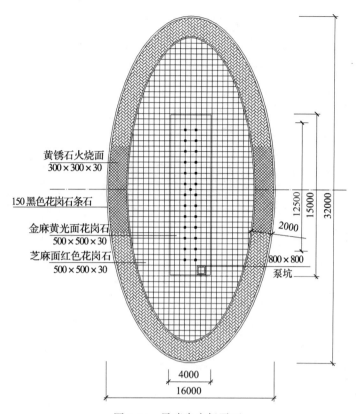

图 3-44 旱喷泉广场平面

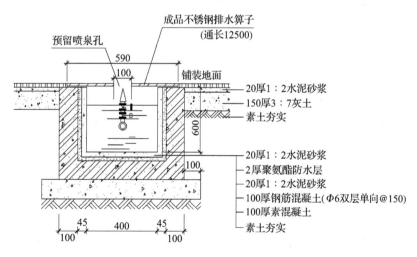

图 3-45 旱喷泉剖面图

④ 旱喷池：

a. 原土夯实：

$$S=12.5×0.89×2=22.25m^2$$

b. C10 混凝土基础垫层：

$$V=12.5×0.89×0.1×2=2.23m^3$$

c. 混凝土池：

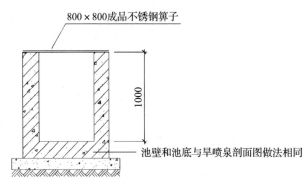

图 3-46 泵坑剖面

$V=$ 池底 $+$ 池壁 $=12.5\times(0.69\times0.1+0.65\times0.1\times2)\times2=4.98m^3$

d. 1：2 水泥砂浆抹面（两次）：

$S=(12.5\times0.4+12.5\times0.6\times2)\times2\times2=80m^2$

e. 抹聚氨酯防水层：

$S=(12.5\times0.4+12.5\times0.6\times2)\times2=40m^2$

f. 不锈钢排水算子：

$S=12.5\times0.59\times2=14.76m^2$

⑤ 泵坑：

a. 原土夯实：

$S=1\times1=1m^2$

b. C10 混凝土基础垫层：

$V=1\times1\times0.1=0.1m^3$

c. 混凝土池：

$V=$ 池底 $+$ 池壁 $=0.8\times0.8\times0.1+(0.8\times1\times0.1+0.6\times1\times0.1)\times2=0.34m^3$

d. 1：2 水泥砂浆抹面（两次）：

$S=(0.6\times0.6+0.6\times4\times1)\times2=5.52m^2$

e. 抹聚氨酯防水层：

$S=0.6\times0.6+0.6\times4\times1=2.76m^2$

f. 不锈钢排水算子：

$S=0.8\times0.8=0.64m^2$

（4）工程量清单计价表（表 3-8）

工程量清单计价表　　　　　　　　　　　　　　　　表 3-8

序号	项目编码	项 目 名 称	计量单位	工程数量	金额/元	
					综合单价	合价
1	053101001	平整场地	m²	401.92	2.69	1081.16
2	053101002	挖土方	m³	109.69	11.34	1243.88
3	E. 31. B	原土夯实	m²	386.53	0.74	286.03
4	E. 33. D	3：7 灰土	m³	57.98	115.41	6691.47
5	053502001	花岗石地面面层	m²	364.2	110	40062

序号	项目编码	项 目 名 称	计量单位	工程数量	综合单价	合价
6	生项	黑色花岗石条石	m	79.44	60	4766.4
7	E.31.B	原土夯实	m²	22.25	0.74	16.47
8	E.33.D	C10混凝土基础垫层	m³	2.23	230	512.9
9	050306301	混凝土池	m³	4.98	850	4233
10	053403003	1：2水泥砂浆抹面（两次）	m²	80	7.25	580
11	053403002	抹聚氨酯防水层	m²	40	38.32	1532.8
12	生项	不锈钢排水箅子	m²	14.76	220	3247.2
13	E.31.B	原土夯实	m²	1	0.74	0.74
14	E.33.D	C10混凝土基础垫层	m³	0.1	230	23
15	050306301	混凝土池	m³	0.34	850	289
16	053403003	1：2水泥砂浆抹面（两次）	m²	5.52	7.25	40.02
17	053403002	抹聚氨酯防水层	m²	2.76	38.32	105.76
18	生项	不锈钢排水箅子	m²	0.64	220	140.8
	总　　计					64853

注：其他费用计取略。

2. 水溪

（1）与水溪相关的工程量清单计价的统一规定

A. 与平整场地相关的工程量计算的统一规定

① 平整场地项目包括：标高在±30cm以内的就地挖填找平，此项目包括：垂直方向在30cm以内的土方开挖，场地找平，土的运输。

② 平整场地项目应注明土壤的类别，弃土运距，取土运距。

B. 与开挖土方相关的工程量清单计价的统一规定

① 挖土工程：槽底宽度在3m以内，且长度是宽度3倍以上者为地槽；槽底面积在20m²以内者为地坑；槽底宽度在3m以上，且槽底面积在20m²以上者为挖土方。

② 挖基础土方项目包括：排地表水，土方开挖，挡土板支拆，基底钎探，土的运输。

③ 挖基础土方按设计图示尺寸及基础垫层底面积乘以挖土深度的天然密实体积计算。

④ 其他与开挖项目相关的工程量计算的统一规定详见花坛工程。

C. 与基础垫层相关的工程量计算的统一规定

① 混凝土基础垫层与混凝土基础的划分：混凝土厚度在12cm以内者为垫层，执行混凝土垫层基价子目；混凝土厚度在12cm以上者为基础，执行混凝土基础基价子目。

② 基础垫层项目包括：拌合，找平，分层夯实，砂浆调制，混凝土浇筑、振捣、养护，混凝土垫层还包括原土夯实。

③ 现浇混凝土其他构件按设计图示尺寸以体积计算，不扣除构件内钢筋、预埋铁件所占体积。

④ 基础垫层按设计图示尺寸以体积计算，其长度：外墙按中心线，内墙按垫层净长计算。

D. 与混凝土池底、池壁及抹面相关的工程量计算的统一规定

① 现浇混凝土池槽项目包括：混凝土制作、运输、振捣、养护。

② 钢筋混凝土项目还包括：螺栓、铁件制作、安装。

③ 现浇混凝土池槽按设计图示尺寸以体积计算。

④ 池槽抹面按设计图示尺寸以展开面积计算。

⑤ 找平层的工程量均按平方米计算。

E. 与铺设卵石相关的工程量计算的统一规定

① 散铺卵石护岸项目包括：修边坡，铺卵石，点布大卵石。

② 散铺卵石护岸项目应注明护岸平均厚度，粗细砂比例，卵石粒径，大卵石粒径、数量。

③ 散铺卵石护岸按设计图示平均护岸宽度乘以护岸长度再乘以平均厚度，以体积计算。

④ 大卵石护岸按设计图示数量以立方米计算。

（2）工程量计算（图 3-47、图 3-48）

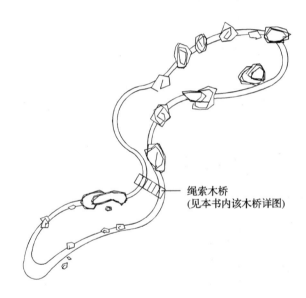

图 3-47 小溪平面图

说明：小溪底面积 465m²，驳岸长度 161m。

① 平整场地：

$S=465\mathrm{m}^2$

② 挖土方：

$V=V_底+V_坡=465\times(0.5+0.347)+161\times1.8(约)\times均高0.25=466.31\mathrm{m}^3$

③ 原土夯实：

$S=S_底+S_坡=465+161\times1.8=754.8\mathrm{m}^2$

④ C10 混凝土垫层：

$V=V_底+V_坡=465\times0.1+161\times1.8\times0.1=75.48\mathrm{m}^3$

⑤ 混凝土池底，坡：

$V=V_底+V_坡=465\times0.2+161\times1.8\times0.2=150.96\mathrm{m}^3$

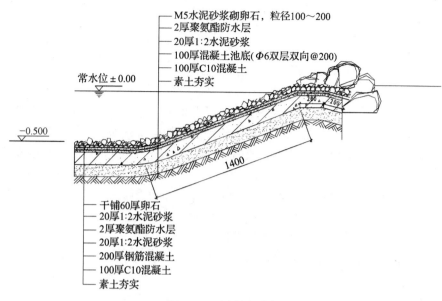

- M5水泥砂浆砌卵石，粒径100～200
- 2厚聚氨酯防水层
- 20厚1:2水泥砂浆
- 100厚混凝土池底(Φ6双层双向@200)
- 100厚C10混凝土
- 素土夯实

常水位±0.00

−0.500

1400

200 200

- 干铺60厚卵石
- 20厚1:2水泥砂浆
- 2厚聚氨酯防水层
- 20厚1:2水泥砂浆
- 200厚钢筋混凝土
- 100厚C10混凝土
- 素土夯实

图 3-48　小溪剖面图

⑥ 水泥砂浆找平层（两次）：

$$S = S_{底} + S_{坡} = (465 + 161 \times 1.8) \times 2 = 1509.6 \text{m}^2$$

⑦ 抹聚氨酯防水层：

$$S = S_{底} + S_{坡} = 465 + 161 \times 1.8 = 754.8 \text{m}^2$$

⑧ 河床干铺卵石：

$$V = (465 + 161 \times 1.8) \times 均厚 0.15 = 113.22 \text{m}^3$$

⑨河床散放山石：

$$V_{估} = 50 \text{m}^3（竣工时按实结算）$$

（3）工程量清单计价表（表 3-9）

工程量清单计价表　　　　　　　　　　表 3-9

序号	项目编码	项 目 名 称	计量单位	工程数量	金额/元	
					综合单价	合价
1	053101001	平整场地	m²	465	2.69	1250.85
2	053101002	开挖土方	m³	466.31	11.34	5287.96
3	E.31.B	原土夯实	m²	754.8	0.74	558.55
4	E.33.D	C10 混凝土垫层	m³	75.48	230	17360.4
5	050306301	混凝土池底，坡	m³	150.96	850	128316
6	053403003	水泥砂浆找平层（两次）	m²	1509.6	12	18115.2
7	053403002	抹聚氨酯防水层	m²	754.8	38.32	28923.94
8	050203003	河床干铺卵石	m³	113.22	110	12454.2
9	050202002	河床散放山石	m³	50	420	21000
	总　　计					233267

注：其他费用计取略。

(四) 园林景桥

1. 拱形桥

(1) 与拱形桥相关的知识介绍

在组织与水有关的景观时大多采用桥的布局。桥是具有人工美的建筑物，是水中的路，造型设计精美的桥能成为自然水景中的重要点缀和园中主景。园林中的桥和路一样起着联系景点、景区，组织游览路线的作用，与路不同的是，桥为了使其跨度尽可能小，常选择水面和溪谷较狭窄的地方，并设计成曲折的形式。桥的形式除平桥外还有拱形桥、亭桥、廊桥等。

园林中的水面上还常采用汀步作为水中的路，它的作用类似桥，但比桥更贴近水面，使游人与水的距离感更小，行走其上，能有平水而过之感，它在平面布局上，更显现造型美和图案美，成为点缀水面的一种常用的造园手法。

园桥由桥基、桥身、桥面、栏杆组成。其桥身常为拱形；栏杆多为汉白玉、青白石、铁艺花式等。

栏杆的主要功能是防护。园林中的栏杆除了起防护作用外，还用于分隔不同的活动空间，划分活动范围以及组织人流。栏杆同时还是园林的装饰小品，用以点景和美化环境。但在园林中不宜普遍设置栏杆，特别是在浅水池、小平桥、小路两侧，能不设置的地方尽量不设置。在必须设置的地方应把围护、分隔的作用与美化、装饰的功能有机地结合起来。栏杆的高度要因地制宜，要考虑功能的要求，但不能简单地以高度来适应管理上的要求。防护栏的高度一般为 1.1m，栏杆格栅的间距要小于 12cm，其构造应粗壮、结实。台阶、坡地的一般防护栏、扶手栏杆的高度常在 90cm 左右。设在花坛、小水池、草坪边以及道路绿化带边缘的装饰性镶边栏杆的高度为 15～30cm，其造型应纤细、轻巧、简洁、大方。制作栏杆常用的材料有石料、钢筋混凝土、铁、砖、木等。下面就与景桥相关的构造名词介绍一下：

地栿：一般用于台基栏杆下面或须弥座平面上栏杆下面的一种特制条石。在此石面上凿有嵌立栏杆柱方槽和嵌立栏杆的凹槽，并每隔几块凿有排水孔。

须弥座龙头：是指带有龙头雕饰物的须弥座。在栏杆柱下面安放挑出的石雕龙头。龙头俗称喷水兽。

寻杖栏板与罗汉栏板：寻杖栏板是指在两个杆柱之间的栏板中，最上面为一根圆形横杆的扶手，其下由雕刻云朵状石块承托，在下为各种花饰的板件。罗汉栏板是指只有栏板而不用望柱的栏板，在栏板端头用抱鼓石封头。

望柱龙凤头、莲花头、狮子头：这些都是栏杆柱的柱头雕饰物。

花岗岩石：是花岗石的俗称。它属于酸性结晶生成岩，是火山岩中分布最广的岩石，其主要成分为长石、石英和少量云母。

汉白玉：是一种纯白色大理石。因其石质晶莹纯净洁白如玉而得名。

青白石：是一种石灰岩的俗称，颜色为青白色。

牙子石：是指栽于路边的压线石块，相当于现代道路中的侧缘石，主要作用是保证路面的宽度和整齐。

(2) 与拱形桥相关的工程量清单计价的统一规定

A. 与平整场地相关的工程量计算的统一规定

① 平整场地项目包括：标高在±30cm以内的就地挖填找平，此项目包括：垂直方向在30cm以内的土方开挖，场地找平，土的运输。

② 平整场地项目应注明土壤的类别，弃土运距，取土运距。

B. 与开挖土方相关的工程量清单计价的统一规定

① 挖土工程：槽底宽度在3m以内，且长度是宽度3倍以上者为地槽；槽底面积在20m² 以内者为地坑；槽底宽度在3m以上，且槽底面积在20m² 以上者为挖土方。

② 挖基础土方项目包括：排地表水，土方开挖，挡土板支拆，基底钎探，土的运输。

③ 挖基础土方按设计图示尺寸及基础垫层底面积乘以挖土深度的天然密实体积计算。

④ 其他与开挖项目相关的工程量计算的统一规定详见花坛工程。

C. 与基础垫层相关的工程量计算的统一规定

① 混凝土基础垫层与混凝土基础的划分：混凝土厚度在12cm以内者为垫层，执行混凝土垫层基价子目；混凝土厚度在12cm以上者为基础，执行混凝土基础基价子目。

② 基础垫层项目包括：拌合，找平，分层夯实，砂浆调制，混凝土浇筑，振捣，养护，混凝土垫层还包括原土夯实。

③ 现浇混凝土其他构件按设计图示尺寸以体积计算，不扣除构件内钢筋，预埋铁件所占体积。

④ 基础垫层按设计图示尺寸以体积计算，其长度：外墙按中心线，内墙按垫层净长计算。

D. 与混凝土桥基、桥面工程相关的工程量计算的统一规定

① 现浇钢筋混凝土基础包括：混凝土的浇筑，振捣，养护。

② 现浇钢筋混凝土基础项目应注明混凝土的强度等级，混凝土拌合料要求，还应注明垫层材料种类，厚度。

③ 现浇混凝土桥板按设计图示尺寸以体积计算。

E. 与饰面工程相关工程量计算的统一规定

① 石材墙面、柱面，零星项目，园林小品，水池，花坛壁面。碎拼石材墙面、柱面，零星项目，园林小品，花坛壁面。块料墙面、柱面，零星项目，水池，花坛壁面项目包括：基层清理，砂浆制作，运输，底层抹灰，结合层铺贴，面层铺贴，镶缝，刷防护材料，磨光，酸洗，打蜡。

② 园林小品饰面项目按设计图示尺寸以展开面积计算。

F. 与砌景墙相关的工程量的统一规定

① 砖砌体项目包括：调制、运砂浆，运、砌砖。

② 实心砖墙项目包括：砂浆制作、运输、勾缝，砌砖，砖压顶砌筑，材料运输。

③ 实心砖墙项目应注明砖的品种、规格、强度等级，墙体类别、墙体高度，勾缝要求，砂浆强度等级，配合比。

④ 砌砖墙基价子目中综合考虑了除单砖墙以外的不同的墙厚，内墙与外墙，清水墙与混水墙的因素。

⑤ 实心砖墙按设计尺寸以体积计算。

（3）工程量计算（图3-49～图3-51）

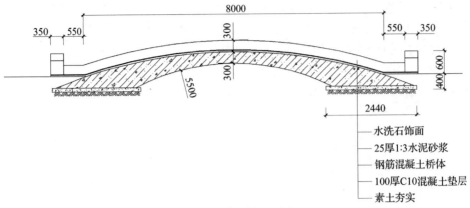

水洗石饰面

25厚1:3水泥砂浆

钢筋混凝土桥体

100厚C10混凝土垫层

素土夯实

图 3-49 拱形桥立面图

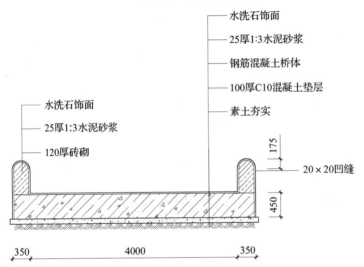

水洗石饰面

25厚1:3水泥砂浆

钢筋混凝土桥体

100厚C10混凝土垫层

素土夯实

水洗石饰面

25厚1:3水泥砂浆

120厚砖砌

20×20凹缝

图 3-50 拱形桥剖面图

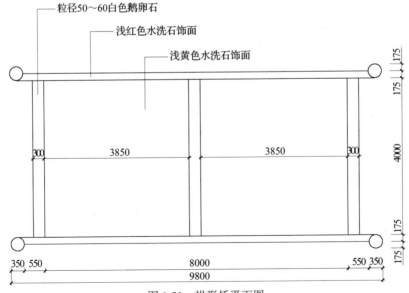

粒径50～60白色鹅卵石

浅红色水洗石饰面

浅黄色水洗石饰面

图 3-51 拱形桥平面图

① 平整场地：

$S=9.8\times(4+0.35\times2)=46.06m^2$

② 挖土方：

$V=4.7\times(2.44+0.6)\times0.4\times2=11.43m^3$

③ 桥下 C10 混凝土基础垫层：

$V=4.7\times2.44\times0.1\times2=2.29m^3$

④ 钢筋混凝土桥体：

$V=9.8\times(4+0.175\times2)\times0.4(均厚)=17.05m^3$

⑤ 水泥砂浆找平层：

$S=4\times(8.8弧长+0.55\times2)=39.6m^2$

⑥ 水洗石桥面：

$S=4\times(8.8弧长+0.55\times2)=39.6m^2$

⑦ 砖砌护栏：

$V=8.8\times0.12\times0.3\times2=0.63m^3$

⑧ 水洗石护栏饰面：

$S=8.8\times0.775(展开宽)\times2=13.64m^2$

⑨ 桥面四角花岗石圆柱石：

$N=4$ 个

（4）工程量清单计价表（表 3-10）

工程量清单计价表　　　　　　　　　　　　　　　　表 3-10

序号	项目编码	项 目 名 称	计量单位	工程数量	金额/元	
					综合单价	合价
1	053101001	平整场地	m^2	46.06	2.69	123.9
2	053101002	挖土方	m^3	11.43	11.34	129.62
3	E.35.A	桥下 C10 混凝土基础垫层	m^3	2.29	230	526.7
4	053306001	钢筋混凝土桥体	m^3	17.05	1120	19096
5	E.34.A	水泥砂浆找平层	m^2	39.6	12	475.2
6	053501004	水洗石桥面	m^2	39.6	95	3762
7	053202001	砖砌护栏	m^3	0.63	237.57	149.67
8	053607002	水洗石护栏饰面	m^2	13.64	135	1841.4
9	生项	桥面四角花岗石圆柱石	个	4	320	1280
		总　　计				27385

注：其他费用计取略。

2. 景观绳拉索木桥

（1）与木桥相关的知识介绍

园林景观中供游人通行并具有观赏价值的桥梁。它由桥基、桥身、桥面、栏杆组成。其桥身常为拱形，栏杆多为汉白玉、青白石、铁艺花式等。园林景观中的桥有很多种，多数是供人观赏，以及作联系水体景观两岸道路之用。它一般的形式有曲形、拱形、平桥、悬挑桥、栈桥、浮桥，还有与亭廊相连的桥等。这种变化的、多形式的园桥点缀在园景中，形成了一道道不可多得的景色，彰显出我国园林博大精深的传统造园手法。

桥体常用的材料有混凝土、钢材、木材、铁索、石材。桥一般由桥基、桥身、桥面、栏杆组成。为体现观赏价值，桥面和栏杆、灯柱多考虑不同的材料，如汉白玉、石雕、青白石、花岗石等。如果采用我国传统的造桥手法还会考虑添加抱鼓石、仰天石、地袱石、踏步石和石兽等。

(2) 与木桥相关的工程量清单计价的统一规定

A. 与平整场地相关的工程量计算的统一规定

① 平整场地项目包括：标高在±30cm 以内的就地挖填找平，此项目包括：垂直方向在 30cm 以内的土方开挖，场地找平，土的运输。

② 平整场地项目应注明土壤的类别，弃土运距，取土运距。

B. 与开挖土方相关的工程量清单计价的统一规定

① 挖土工程：槽底宽度在 3m 以内，且长度是宽度 3 倍以上者为地槽；槽底面积在 20m² 以内者为地坑；槽底宽度在 3m 以上，且槽底面积在 20m² 以上者为挖土方。

② 挖基础土方项目包括：排地表水，土方开挖，挡土板支拆，基底钎探，土的运输。

③ 挖基础土方按设计图示尺寸及基础垫层底面积乘以挖土深度的天然密实体积计算。

④ 其他与开挖项目相关的工程量计算的统一规定详见花坛工程。

C. 与基础垫层相关的工程量计算的统一规定

① 混凝土基础垫层与混凝土基础的划分：混凝土厚度在 12cm 以内者为垫层，执行混凝土垫层基价子目；混凝土厚度在 12cm 以上者为基础，执行混凝土基础基价子目。

② 基础垫层项目包括：拌合，找平，分层夯实，砂浆调制，混凝土浇筑，振捣，养护；混凝土垫层还包括原土夯实。

③ 现浇混凝土其他构件按设计图示尺寸以体积计算，不扣除构件内钢筋、预埋铁件所占体积。

④ 基础垫层按设计图示尺寸以体积计算，其长度：外墙按中心线，内墙按垫层净长计算。

D. 与混凝土桥基、桥面工程相关的工程量计算的统一规定

① 现浇钢筋混凝土基础包括：混凝土的浇筑、振捣、养护。

② 现浇钢筋混凝土基础项目应注明混凝土的强度等级、混凝土拌合料要求，还应注明垫层材料种类、厚度。

③ 现浇钢筋混凝土带形基础、独立基础、杯形基础、满堂基础按设计图示尺寸以体积计算，不扣除构件内钢筋、预埋件所占体积。

④ 混凝土板项目应注明板底标高、板的厚度、混凝土强度等级、混凝土拌合要求。

⑤ 混凝土有梁板，平板，拱形板，栏板按设计图示尺寸以体积计算，不扣除构件内钢筋、预埋件及单个面积在 0.3m² 以内的孔洞所占的体积。有梁板（包括主、次梁与板）按梁、板体积之和计算。

⑥ 木桥面项目包括：选料、锯料、刨光、制作及安装。

⑦ 木桥项目应注明桥宽，桥长，木材种类，各种部件截面长度，防护材料种类。

⑧ 园桥中的木梁，木柱，木桥面板，木栏杆均以刨光为准，刨光损耗已包括在基价子目中。基价中的锯材是以自然干燥为准，如要求烘干时，其烘干费用另行计算。

⑨ 木制步桥按设计图示尺寸以桥面板长乘以桥面宽，以面积计算。

⑩ 木柱按设计图示尺寸以立方米计算。木栏杆以地面上皮至扶手上皮间高度乘以长度（不扣望柱），以平方米计算。

（3）工程量计算（图 3-52～图 3-54）

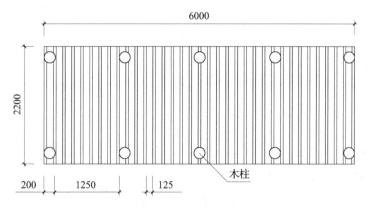

图 3-52　绳拉索木桥平面图

注：桥面铺装为 2200×125×50 木板，间距 50，以螺栓固定。

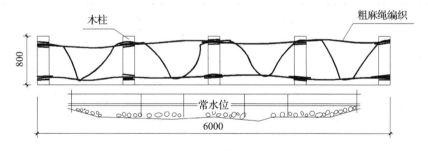

图 3-53　绳拉索木桥立面图

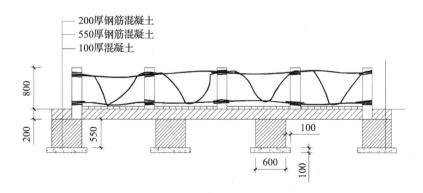

图 3-54　绳拉索木桥剖面图

① 平整场地：

$S=2.2\times6=13.2\text{m}^2$

② 挖土方（考虑桥面为室外地坪）：

$V=(6+0.5\times2)\times2(2.2+0.1+2)\times(0.1+0.55+0.1)=12.6\text{m}^3$

③ 桥墩基础垫层：

$V=(2.2+0.1\times2)\times(0.6+0.1\times2)\times0.1\times4=0.77\text{m}^3$

④ 混凝土桥墩：

$V=2.2\times0.6\times0.55\times4=2.9\text{m}^3$

⑤ 混凝土桥面：

$V=(6+0.4\times2)\times2.2\times0.1=1.5\text{m}^3$

⑥ 木桥面：

$S=6\times2.2=13.2\text{m}^2$

⑦ 木柱：

$V=3.14\times0.1\times0.1\times1.1\times10=0.35\text{m}^3$

⑧ 粗麻绳编织栏围：

$L=$考虑全长的 2 倍用量$=(6\times2\times2+1\times8\times2)\times2=80\text{m}$

（4）工程量清单计价表（表 3-11）

工程量清单计价表　　　　　　表 3-11

序号	项目编码	项目名称	计量单位	工程数量	金额/元	
					综合单价	合价
1	053101001	平整场地	m²	13.2	2.69	35.51
2	053101002	挖土方	m³	12.6	11.34	142.88
3	E.35.A	桥墩基础垫层	m³	0.77	230	177.1
4	053301002	混凝土桥墩	m³	2.9	850	2465
5	053306001	混凝土桥面	m³	1.5	960	1440
6	050201016	木桥面	m²	13.2	146.61	1935.25
7	050303003	木柱	m³	0.35	2650	927.5
8	生项	粗麻绳编织栏围	m	80	4.4	352
	总　计					7475

注：其他费用记取略。

（五）景观围墙

1. 铁艺围墙（本工程只考虑了三个围墙柱之间的长度）

（1）相关知识介绍

景墙、景窗：园林中的墙有分隔空间、组织游览、衬托景物、装饰美化和遮蔽视线的作用，是园林空间构图的重要元素。景墙的形式有云墙、钢筋混凝土花格墙、竹篱笆墙、梯形墙、漏明墙等。墙上的漏窗又叫透花窗，可以用它分隔景区，使空间似隔非隔，景物若隐若现，富有层次，达到虚中有实、实中有虚、隔而不断的艺术效果。漏窗的窗框常见的形式有方形、长方形、圆形、菱形、多边形、扇形等。园林中的墙上还常有不装窗扇的窗孔，称为空窗，它具有采光和取框景的作用，常见的形式有方形、长方形、多边形、花瓶形、扇形、圆形等。园林景观中的墙还可与其他景观，比如花池、花架、山石、雕塑等组合成独立的风景。

在园林建筑中，各种花格广泛使用于墙垣、漏窗、门罩、门扇、栏杆等处。花格既可用于室外，也可用于室内。可用于装饰墙面，又可用于分隔空间。在形式上花格可做成整幅的自由式，又可采用变化、有规律的几何图案；其内容可以包含传说、叙事，也可仅包含花卉、鸟兽甚至抽象图形；花格构件可根据不同材料特性，或形成纤巧的形态或形成粗犷的风格。按制作材料可分为砖瓦花格、水泥制品花格、琉璃花格、玻璃花格、金属花格等。

（2）与围墙工程相关的工程量清单计价的统一规定

A. 与平整场地相关的工程量计算的统一规定

① 平整场地项目包括：标高在±30cm以内的就地挖填找平，此项目包括：垂直方向在30cm以内的土方开挖，场地找平，土的运输。

② 平整场地项目应注明土壤的类别、弃土运距、取土运距。

③ 围墙的平整场地以每边各加1m计算。

B. 与开挖土方及回填土方相关的工程量计算的统一规定

① 挖土工程：槽底宽度在3m以内，且长度是宽度3倍以上者为地槽；槽底面积在20m² 以内者为地坑；槽底宽度在3m以上，且槽底面积在20m² 以上者为挖土方。

② 挖基础土方项目包括：排地表水，土方开挖，挡土板支拆，基底钎探，土的运输。

③ 挖基础土方按设计图示尺寸及基础垫层底面积乘以挖土深度的天然密实体积计算。

④ 人工挖地槽的体积应是外墙地槽和内墙地槽的总体积。槽长的计算：外墙地槽按外墙地槽的中心线计算，内墙地槽按内墙槽底净长度计算；槽宽按设计图示尺寸加工作面的宽度计算；槽深按自然地平至槽底的深度计算。当需要放坡时，应将放坡的土方量合并于总土方量中。

⑤ 其他与开挖项目相关的工程量计算的统一规定详见花坛工程。

C. 与基础垫层相关的工程量计算的统一规定

① 混凝土基础垫层与混凝土基础的划分：混凝土厚度在12cm以内者为垫层，执行混凝土垫层基价子目；混凝土厚度在12cm以上者为基础，执行混凝土基础基价子目。

② 基础垫层项目包括：拌合，找平，分层夯实，砂浆调制，混凝土浇筑、振捣、养护；混凝土垫层还包括原土夯实。

③ 现浇混凝土其他构件按设计图示尺寸以体积计算，不扣除构件内钢筋、预埋铁件

所占体积。

④ 基础垫层按设计图示尺寸以体积计算，其长度：外墙按中心线，内墙按垫层净长计算。

D. 与砌墙相关的工程量的统一规定

① 砖砌体项目包括：调制、运砂浆，运、砌砖。

② 实心砖墙项目包括：砂浆制作、运输、勾缝，砌砖，砖压顶砌筑，材料运输。

③ 围墙以体积计算，高度算至压顶下表面，围墙柱并入围墙体积内，其长度宽度按设计图示尺寸计算。

④ 实心砖柱，零星砌体按设计图示尺寸以体积计算，扣除混凝土及钢筋混凝土梁垫、梁头、板头所占体积。

⑤ 基础砂浆防潮层按设计图示尺寸以面积计算。

⑥ 砖柱不分柱身和柱基，其工程量合并计算，套用砖柱基价子目执行。

⑦ 标准砖厚度按表 3-12 计算。

标准砖厚度计算表　　　　　　　　　　　　　　表 3-12

墙　　厚	1/4	1/2	3/4	1	3/2	2
计算厚度/mm	53	115	180	240	365	490

E. 与饰面工程相关工程量计算的统一规定

① 石材墙面，柱面，零星项目，园林小品，水池，花坛壁面。碎拼石材墙面，柱面，零星项目，园林小品，花坛壁面。块料墙面，柱面，零星项目，水池，花坛壁面项目包括：基层清理，砂浆制作，运输，底层抹灰，结合层铺贴，面层铺贴，镶缝，刷防护材料，磨光，酸洗，打蜡。

② 碎拼石材墙面是按照图示尺寸以展开面积计算。

F. 与金属结构工程相关工程量计算的统一规定

① 金属构件制作项目包括：放样，钢材校正，划线下料，平直，钻孔，刨边，倒棱，煨弯，装配，焊接成品，校正，运输，堆放。

② 金属构件安装项目包括：构件加固，吊装校正，拧紧螺栓，电焊固定，构件翻身，就位，场内运输。

③ 金属构件项目包括：除锈、清扫、打磨、刷油。

④ 金属构件项目应注明钢材品种、规格，柱、梁截面，油漆品种，刷漆遍数。

⑤ 金属构件制作是按焊接为主考虑的，对构件局部采用螺栓连接时，宜考虑在基价内部再换算，但如遇有铆接为主的构件时，应另行补充基价子目。

⑥ 金属构件基价中的油漆，一般均综合考虑了防锈漆一道，调合漆两道，如设计要求不同时，可按刷油漆项目的有关规定计算刷油漆情况。

⑦ 金属构件按设计图示以重量计算。

（3）工程量计算（图 3-55～图 3-57）

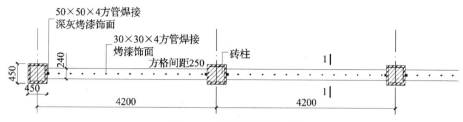

图 3-55 铁艺围墙平面图

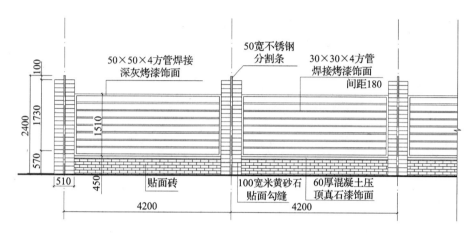

图 3-56 铁艺围墙立面图

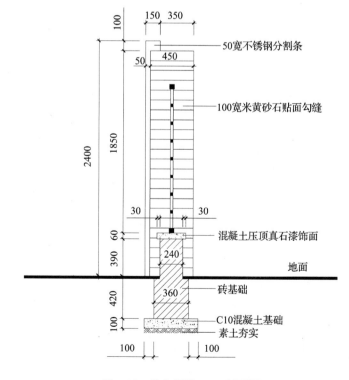

图 3-57 铁艺围墙 1—1 剖面图

① 平整场地：

$$S = (4.2 + 0.45 + 2) \times (0.45 + 2)$$
$$= 16.29 \text{m}^2$$

② 挖槽：

$$V = 长 \times 宽(考虑工作面) \times 高$$
$$= (4.2 \times 2 + 0.45) \times (0.56 + 0.6) \times 0.52 = 5.34 \text{m}^3$$

③ C10 混凝土垫层：

$$V = V_墙 + V_柱$$
$$= (4.2 - 0.45) \times 2 \times 0.56 \times 0.1 + 0.45 \times 0.45 \times 0.1 \times 3$$
$$= 0.48 \text{m}^3$$

④ 砖基础：

$$V = V_墙 + V_柱$$
$$= (4.2 - 0.45) \times 2 \times (0.36 \times 0.42 + 0.24 \times 0.39) + 0.45 \times 0.45 \times (0.42 + 2.3) \times 3$$
$$= 3.5 \text{m}^3$$

⑤ 混凝土压顶：

$$V = (4.2 - 0.45) \times 2 \times 0.3 \times 0.06$$
$$= 0.14 \text{m}^3$$

⑥ 压顶刷真石漆：

$$S = (4.2 - 0.45) \times 2 \times (0.3 + 0.18)$$
$$= 3.6 \text{m}^2$$

⑦ 柱面贴米黄砂石面：

$$S = 柱四周(0.45 \times 4) \times 2.3 \times 3 + 柱顶面 \, 0.45 \times 0.45 \times 3 - 柱与墙交接处 \, 0.24 \times 0.39 \times 4$$
$$= 12.66 \text{m}^2$$

⑧ 围墙铁饰：

重量 = 长 × 单位重量

$30 \times 30 \times 4$ 重 $= (4.2 - 0.45) \times 14 \times 3.77 = 197.93 \text{kg}$

$50 \times 50 \times 4$ 重 $= [(4.2 - 0.45) \times 4 + 1.51 \times 4] \times 6.28 = 132.13 \text{kg}$

                   总重 $= 330.06 \text{kg}$

⑨ 墙面贴面砖：

$$S = (4.2 - 0.45) \times 0.39 \times 2 \times 2$$
$$= 5.85 \text{m}^2$$

⑩ 50 宽不锈钢装饰条：

$$L = 2.4 \times 3 = 7.2 \text{m}$$

（4）工程量清单计价表（表 3-13）

2. 园林景墙

（1）与园林景墙相关的工程量清单计价的统一规定

A. 与平整场地相关的工程量计算的统一规定

① 平整场地项目包括：标高在 ±30cm 以内的就地挖填找平。此项目包括：垂直方向在 30cm 以内的土方开挖，场地找平，土的运输。

工程量清单计价表

表 3-13

序号	项目编码	项目名称	计量单位	工程数量	综合单价	合价
					金额/元	
1	053101001	平整场地	m²	16.29	2.69	43.82
2	053101002	挖槽	m³	5.34	15.22	81.27
3	E.35.A	C10混凝土垫层	m³	0.48	230	110.4
4	053201001	砖基础	m³	3.5	202.99	710.47
5	053306001	混凝土压顶	m³	0.14	260	36.4
6	053703001	压顶刷真石漆	m²	3.6	58	208.8
7	053605001	柱面贴米黄砂石面	m²	12.66	120	1519.2
8	050303004	围墙铁饰	t	0.33	3615.61	1193.15
9	053604003	墙面贴面砖	m²	5.85	65	380.25
10	生项	50宽不锈钢装饰条	m	7.2	18	129.6
		总计				4413.36

注：其他费用计取略。

② 平整场地项目应注明土壤的类别、弃土运距、取土运距。

③ 围墙的平整场地以每边各加1m计算。

B. 与开挖土方及回填土方相关的工程量计算的统一规定

① 挖土工程：槽底宽度在3m以内，且长度是宽度3倍以上者为地槽；槽底面积在20m²以内者为地坑；槽底宽度在3m以上，且槽底面积在20m²以上者为挖土方。

② 挖基础土方项目包括：排地表水，土方开挖，挡土板支拆，基底钎探，土的运输。

③ 挖基础土方按设计图示尺寸及基础垫层底面积乘以挖土深度的天然密实体积计算。

④ 人工挖地槽的体积应是外墙地槽和内墙地槽总体积。槽长的计算：外墙地槽按外墙地槽的中心线计算，内墙地槽按内墙槽底净长度计算；槽宽按设计图示尺寸加工作面的宽度计算；槽深按自然地平至槽底的深度计算。当需要放坡时，应将放坡的土方量合并于总土方量中。

⑤ 其他与开挖项目相关的工程量计算的统一规定详见花坛工程。

C. 与基础垫层相关的工程量计算的统一规定

① 混凝土基础垫层与混凝土基础的划分：混凝土厚度在12cm以内者为垫层，执行混凝土垫层基价子目；混凝土厚度在12cm以上者为基础，执行混凝土基础基价子目。

② 基础垫层项目包括：拌合，找平，分层夯实，砂浆调制，混凝土浇筑、振捣、养护；混凝土垫层还包括原土夯实。

③ 现浇混凝土其他构件是按设计图示尺寸以体积计算，不扣除构件内钢筋、预埋铁件所占体积。

④ 基础垫层按设计图示尺寸以体积计算，其长度：外墙按中心线，内墙按垫层净长计算。

D. 与砌景墙相关的工程量计算的统一规定

① 砖砌体项目包括：调制、运砂浆，运、砌砖。

② 实心砖墙项目包括：砂浆制作、运输、勾缝，砌砖，砖压顶砌筑，材料运输。

③ 围墙以体积计算，高度算至压顶下表面。围墙柱并入围墙体积内，其长度宽度按设计图示尺寸计算。

E. 与饰面工程相关工程量计算的统一规定

① 石材墙面，柱面，零星项目，园林小品，水池，花坛壁面。碎拼石材墙面，柱面，零星项目，园林小品，花坛壁面。块料墙面，柱面，零星项目，水池，花坛壁面项目包括：基层清理，砂浆制作，运输，底层抹灰，结合层铺贴，面层铺贴，镶缝，刷防护材料，磨光，酸洗，打蜡。

② 碎拼石材墙面是按照图示尺寸，以展开面积计算。

（2）工程量计算（图 3-58～图 3-60）

① 平整场地：

$S =$（长＋2）×（宽＋2）

$\quad =(5.34+2)\times(0.3+2)$

$\quad =16.88\text{m}^2$

② 挖地槽：

$V =$ 长×宽（考虑工作面）×开挖高

$\quad =5.34\times(0.3+0.2+0.6)\times(0.82+0.1-0.39)$

$\quad =3.11\text{m}^3$

图 3-58　园林景墙平面图

说明：弧长 5340。

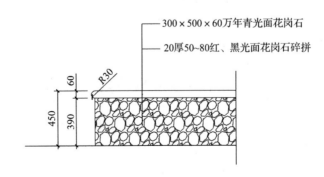

图 3-59　园林景墙立面图

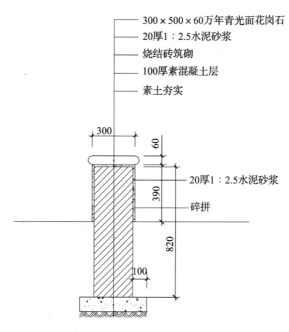

图 3-60　园林景墙剖面图

③ 回填土：

V ＝挖土量×0.6

　＝3.11×0.6

　＝1.87m³

④ C10 混凝土基础垫层：

V ＝长×垫层断面

　＝5.34×0.5×0.1

　＝0.27m³

⑤ 砌圆弧景墙：

V ＝长×墙体断面

　＝5.34×0.3×0.82

　＝1.31m³

⑥ 花岗石压顶（60 厚）：

S ＝长×宽

　＝5.34×0.3

　＝1.6m²

⑦ 景墙两面贴碎拼花岗石：

S ＝长×贴面高

　＝5.34×0.39×2

　＝4.17m²

（3）工程量清单计价表（表 3-14）

工程量清单计价表 表3-14

序号	项目编号	项 目 名 称	计量单位	工程数量	金额/元	
					综合单价	合价
1	053101001	平整场地	m²	16.88	2.69	45.41
2	053101002	挖地槽	m³	3.11	15.22	47.33
3	053103001	回填土	m³	1.87	9.47	17.71
4	E.35.A	C10混凝土基础垫层	m³	0.27	230	62.1
5	053202001	砌圆弧景墙	m³	1.31	237.57	311.22
6	053606001	花岗石压顶（60厚）	m²	1.6	320	512
7	053604002	景墙两面贴碎拼花岗石	m²	4.17	95	396.15
		合　　计				1392

注：其他费用计取略。

3. 门构架

（1）相关专业的知识介绍

园林中的墙有分隔空间、组织游览、衬托景物、装饰美化和遮蔽视线的作用，是园林空间构图的重要元素。景墙的形式有云墙、钢筋混凝土花格墙、竹篱笆墙、梯形墙、漏明墙等。而一般设置在景区大门口处的门架就近似古建筑中的牌楼。因为一般设置在景区的入口处，所以可以说它是园林的"眼睛"，能起到点睛之用。一般常用的材料为混凝土、木材。饰面材料一般用比较高级的花岗石或琉璃瓦等。

（2）相关工程量清单计价的统一规定

A. 与平整场地相关的工程量计算的统一规定

① 平整场地项目包括：标高在±30cm以内的就地挖填找平。此项目包括：垂直方向在30cm以内的土方开挖，场地找平，土的运输。

② 平整场地项目应注明土壤的类别、弃土运距、取土运距。

B. 与开挖土方相关的工程量清单计价的统一规定

① 挖土工程：槽底宽度在3m以内，且长度是宽度3倍以上者为地槽；槽底面积在20m²以内者为地坑；槽底宽度在3m以上，且槽底面积在20m²以上者为挖土方。

② 挖基础土方项目包括：排地表水，土方开挖，挡土板支拆，基底钎探，土的运输。

③ 挖基础土方按设计图示尺寸及基础垫层底面积乘以挖土深度的天然密实体积计算。

④ 其他与开挖项目相关的工程量计算的统一规定详见花坛工程。

C. 与基础垫层相关的工程量计算的统一规定

① 混凝土基础垫层与混凝土基础的划分：混凝土厚度在12cm以内者为垫层，执行混凝土垫层基价子目；混凝土厚度在12cm以上者为基础，执行混凝土基础基价子目。

② 基础垫层项目包括：拌合，找平，分层夯实，砂浆调制，混凝土浇筑、振捣、养护，混凝土垫层还包括原土夯实。

③ 现浇混凝土其他构件按设计图示尺寸以体积计算，不扣除构件内钢筋、预埋铁件所占体积。

④ 基础垫层按设计图示尺寸以体积计算，其长度：外墙按中心线，内墙按垫层净长

计算。

D. 与混凝土工程相关的工程量计算的统一规定

① 现浇钢筋混凝土基础包括：混凝土的浇筑、振捣、养护。

② 现浇钢筋混凝土基础项目应注明混凝土的强度等级，混凝土拌合料要求，还应注明垫层材料种类、厚度。

③ 现浇混凝土门架按设计图示尺寸以体积计算。

E. 与饰面工程相关工程量计算的统一规定

① 石材墙面，柱面，零星项目，园林小品，水池，花坛壁面。碎拼石材墙面，柱面，零星项目，园林小品，花坛壁面。块料墙面，柱面，零星项目，水池，花坛壁面项目包括：基层清理，砂浆制作，运输，底层抹灰，结合层铺贴，面层铺贴，镶缝，刷防护材料，磨光，酸洗，打蜡。

② 园林小品饰面项目按设计图示尺寸以展开面积计算。

③ 混凝土柱，梁，檩条油漆，按设计图示尺寸以油漆部分的展开面积计算。

（3）工程量计算（图 3-61～图 3-63）

① 平整场地：

$S=5.2\times0.4=2.08m^2$

② 基础开挖：

$V=(1.2+0.3\times2)\times(1.2+0.3\times2)\times1.25\times2=8.1m^3$

③ C10 混凝土基础垫层：

$V=1.2\times1.2\times0.1\times2=0.29m^3$

④ 混凝土基础：

$V=1\times1\times0.2\times2+0.5\times0.5\times0.1\times2=0.45m^3$

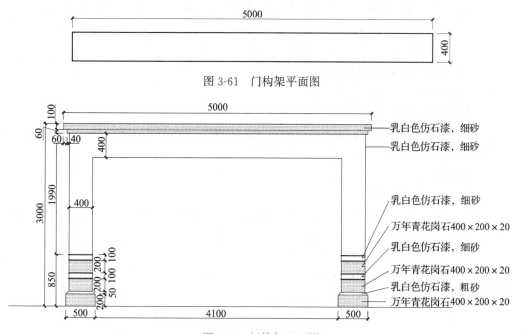

图 3-61　门构架平面图

图 3-62　门构架立面图

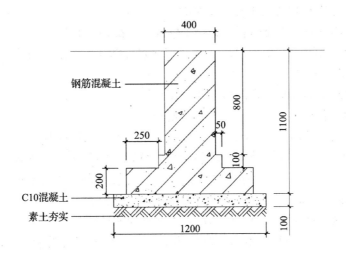

图 3-63 门构架基础图

⑤ 混凝土门架：

$V = V_{基础} + V_{主体}$

$= 0.4 \times 0.4 \times 0.8 \times 2 + 0.4 \times 0.4 \times (3 - 0.4 - 0.16) \times 2 + (5.2 - 0.2) \times 0.4 \times 0.4$

$+ (5.2 - 0.06 \times 2) \times 0.06 \times (0.4 + 0.04 \times 2) + 5.2 \times 0.1 \times (0.4 + 0.1 \times 2)$

$= 2.3 m^3$

⑥ 门架水泥砂浆抹面（门柱下加厚部分除外）：

$S = S_{柱四周} + S_{顶(正面 + 侧面 + 底面 + 顶面)}$

$= 0.4 \times 4 \times (3 - 0.4 - 0.16 - 0.25) \times 2 + [(5.2 - 0.2) \times 0.4 \times 2 + (5.2 - 0.06 \times 2)$

$\times 0.06 \times 2 + 5.2 \times 0.1 \times 2] + [(0.4 \times 0.4 \times 2) + (0.4 + 0.04 \times 2) \times 0.06 \times 2 + (0.4$

$+ 0.1 \times 2) \times 0.1 \times 2] + (5.2 - 0.5 \times 2) \times 0.4 + 5.2 \times 0.6 = 17.96 m^2$

⑦ 门架下抹加厚水泥砂浆面：

$S = 0.5 \times 4 \times 0.25 \times 2 = 1 m^2$

⑧ 刷乳白仿石漆，细砂：

$S = 0.4 \times 4 \times 0.1 \times 4 + 5.2 \times 0.6 + (5.2 \times 2 + 0.6 \times 2) \times 0.1 + (5.2 - 0.06 \times 2 + 0.44)$

$\times 2 \times 0.06$

$= 5.58 m^2$

⑨ 刷乳白仿石漆，粗砂：

$S = 0.4 \times 4 \times 2 \times (1.99 - 0.4 - 0.16) + (5.2 - 0.1 \times 2) \times 0.4 \times 2 + 0.4 \times 0.4 \times 2 + (5.2$

$- 0.5 \times 2) \times 0.4$

$= 10.58 m^2$

⑩ 柱四周贴万年青花岗石面：

$S = 0.4 \times 4 \times 0.2 \times 4 + 0.5 \times 4 \times 0.2 \times 2$

$= 2.08 m^2$

（4）工程量清单计价表（表 3-15）

序号	项目编码	项 目 名 称	计量单位	工程数量	金额/元	
					综合单价	合价
1	053101001	平整场地	m²	2.08	2.69	5.59
2	053101002	基础开挖	m³	7.78	16.52	133.81
3	E.33.D	C10 混凝土基础垫层	m³	0.29	230	66.7
4	053301002	混凝土基础	m³	0.45	550	247.5
5	053304002	混凝土门架	m³	2.3	950	2185
6	053602001	门架水泥砂浆抹面 （门柱下加厚部分除外）	m²	17.96	14.87	267.07
7	053602001	门架下抹加厚水泥砂浆面	m²	1	37.18	37.18
8	生项	刷乳白仿石漆，细砂	m²	5.58	32.5	181.35
9	生项	刷乳白仿石漆，粗砂	m²	10.58	30.8	325.86
10	053605001	柱四周贴万年青花岗石面	m²	2.08	165	343.2
		合 计				3788

注：其他费用计取略。

4. 影壁

（1）与影壁相关的专业知识介绍

影壁是景墙的一种特殊形式，它一般设计在小区和公园的入口处或是公园的广场处。它是我国古典园林和私家园林中常见的一种表现方式，影壁的墙面一般雕有浮雕和刻文。在古代传统观念中它有避邪的作用，而如今它更多地用于分隔空间、装饰美化和遮蔽视线。

（2）与影壁工程相关的工程量清单计价的统一规定

A. 与平整场地相关的工程量计算的统一规定

① 平整场地项目包括：标高在±30cm 以内的就地挖填找平，此项目包括：垂直方向在 30cm 以内的土方开挖，场地找平，土的运输。

② 平整场地项目应注明土壤的类别、弃土运距、取土运距。

③ 围墙的平整场地以每边各加 1m 计算。

B. 与开挖土方及回填土方相关的工程量计算的统一规定

① 挖土工程：槽底宽度在 3m 以内，且长度是宽度 3 倍以上者为地槽；槽底面积在 20m² 以内者为地坑；槽底宽度在 3m 以上，且槽底面积在 20m² 以上者为挖土方。

② 挖基础土方项目包括：排地表水，土方开挖，挡土板支拆，基底钎探，土的运输。

③ 挖基础土方按设计图示尺寸及基础垫层底面积乘以挖土深度的天然密实体积计算。

④ 人工挖地槽的体积应是外墙地槽和内墙地槽总体积。槽长的计算：外墙地槽按外墙地槽的中心线计算，内墙地槽长度按内墙槽底净长度计算；槽宽按设计图示尺寸加工作

面的宽度计算；槽深按自然地平至槽底的深度计算。当需要放坡时，应将放坡的土方量合并于总土方量中。

⑤ 其他与开挖项目相关的工程量计算的统一规定详见花坛工程。

C. 与基础垫层相关的工程量计算的统一规定

① 混凝土基础垫层与混凝土基础的划分：混凝土厚度在 12cm 以内者为垫层，执行混凝土垫层基价子目；混凝土厚度在 12cm 以上者为基础，执行混凝土基础基价子目。

② 基础垫层项目包括：拌合，找平，分层夯实，砂浆调制，混凝土浇筑、振捣、养护；混凝土垫层还包括原土夯实。

③ 现浇混凝土其他构件按设计图示尺寸以体积计算，不扣除构件内钢筋、预埋铁件所占体积。

④ 基础垫层按设计图示尺寸以体积计算，其长度：外墙按中心线，内墙按垫层净长计算。

D. 与砌墙相关的工程量计算的统一规定

① 砖砌体项目包括：调制、运砂浆，运、砌砖。

② 实心砖墙项目包括：砂浆制作、运输、勾缝，砌砖，砖压顶砌筑，材料运输。

③ 围墙以体积计算，高度算至压顶下表面，围墙柱并入围墙体积内，其长度宽度按设计图示尺寸计算。

④ 实心砖柱，零星砌体按设计图示尺寸以体积计算，扣除混凝土及钢筋混凝土梁垫、梁头、板头所占体积。

⑤ 基础砂浆防潮层按设计图示尺寸以面积计算。

⑥ 砖柱不分柱身和柱基，其工程量合并计算，套用砖柱基价子目执行。

⑦ 标准砖厚度按表 3-16 计算。

标准砖厚度计算表　　　　　　　　　　　表 3-16

墙　　厚	1/4	1/2	3/4	1	3/2	2
计算厚度/mm	53	115	180	240	365	490

E. 与饰面工程相关工程量计算的统一规定

① 石材墙面，柱面，零星项目，园林小品，水池，花坛壁面。碎拼石材墙面，柱面，零星项目，园林小品，花坛壁面。块料墙面，柱面，零星项目，水池，花坛壁面项目包括：基层清理，砂浆制作，运输，底层抹灰，结合层铺贴，面层铺贴，镶缝，刷防护材料，磨光，酸洗，打蜡。

② 碎拼石材墙面按照图示尺寸以展开面积计算。

F. 与混凝土工程相关的工程量计算的统一规定

① 现浇混凝土基础、梁柱、墙、板、其他构件项目包括：混凝土浇筑，振捣，养护。

② 预制混凝土构件、其他构件项目包括：混凝土浇筑，振捣，养护，构件的成品堆放。

③ 钢筋项目包括：制作，绑扎，安装。

④ 螺栓、铁件项目包括：制作，安装。

⑤ 预制混凝土构件安装项目包括：构件翻身、就位、加固、吊装、校正、垫实节点、焊接或紧固螺栓、灌缝找平。

⑥ 基础垫层项目包括：拌合、找平、分层夯实、砂浆调制、混凝土浇筑、振捣、养护；混凝土垫层还包括原土夯实。

⑦ 现浇混凝土墙项目应注明墙类型，墙厚度，混凝土强度等级，混凝土拌合料要求。

⑧ 现浇混凝土基础项目应注明混凝土强度等级，混凝土拌合料要求，还应注明垫层材料种类、厚度，铺设垫层，混凝土制作，运输，浇筑，振捣，养护。

⑨ 现浇混凝土带形基础、独立基础、杯形基础、满堂基础按设计图示尺寸以体积计算，不扣除构件内钢筋、预埋铁件所占体积。

⑩ 现浇混凝土直形墙，弧形墙，挡土墙按设计图示尺寸以体积计算，不扣除构件内钢筋、预埋铁件所占体积，扣除门窗洞口及单个面积 0.3m² 以外的孔洞所占的体积，墙垛及突出墙面部分并入墙体积内计算。

⑪ 现浇混凝土其他构件按设计图示以体积计算，不扣除构件内钢筋、预埋铁件所占体积。

（3）工程量计算（因建造在地下车库上，故此没有考虑开挖）（图 3-64～图 3-68）

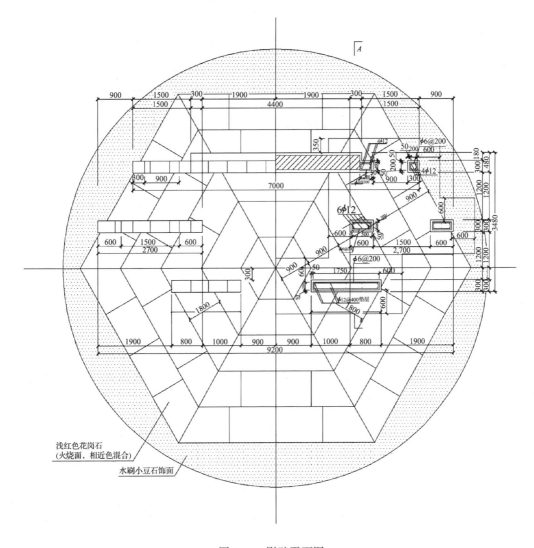

图 3-64 影壁平面图

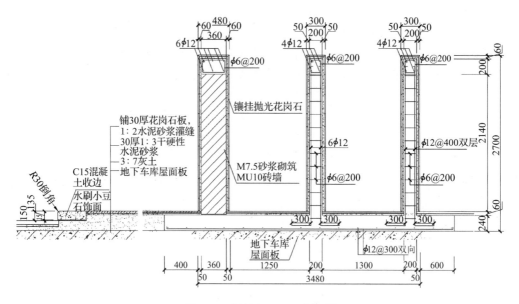

图 3-65 门构架 A—A 剖面图

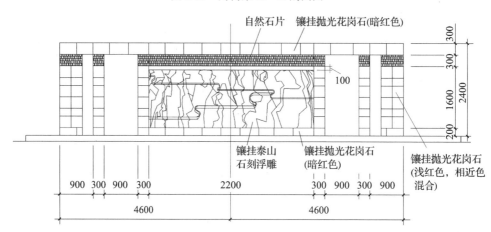

图 3-66 影壁北立面图

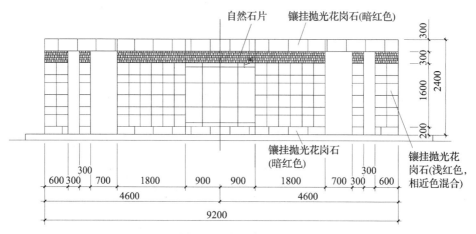

图 3-67 影壁南立面图

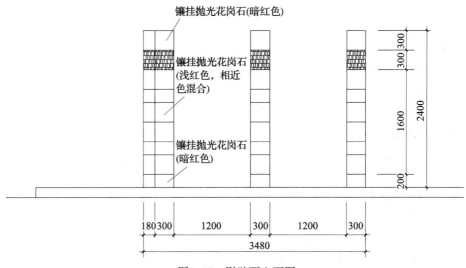

图 3-68 影壁西立面图

① 混凝土基础:

$V = (0.9 \times 1.35 + 0.95 \times 2.75 + 4.48 \times 1.8 + 1.3 \times 1.35) \times 2 \times 0.24$

$= 6.55 \mathrm{m}^3$

② 3：7 灰土:

$V = $ 整个体积 $-$ 混凝土基础

$= 3.14 \times (5.3)^2 \times 0.24 - 6.55$

$= 14.62 \mathrm{m}^3$

③ 混凝土收边:

$V = 2 \times 3.14 \times 5.3 \times 0.15 \times 0.4$

$= 2 \mathrm{m}^3$

④ 1：3 干硬性水泥砂浆面:

$S = 3.14 \times (5.3)^2$

$= 88.2 \mathrm{m}^2$

⑤ 花岗石地面:

$S = 2.5981 \times ($边长$)^2 - $影壁墙所占面积

$= 2.5981 \times (5)^2 - 1.8 \times 0.3 \times 2 - 0.6 \times 0.3 \times 4 - (7.4 - 0.9) \times 0.3 - 4 \times 0.18$

$= 60.48 \mathrm{m}^2$

⑥ 水刷小豆石地面:

$S = 3.14 \times (5.3)^2 - $花岗石地面毛面积 64.95

$= 23.25 \mathrm{m}^2$

⑦ 混凝土影壁:

$V = 1.8 \times 0.3 \times 2.4 \times 2 + 0.6 \times 0.3 \times 2.4 \times 4 + 0.3 \times 0.3 \times 2.4 \times 4 + 0.9 \times 0.3 \times 0.3 \times 2$

$\quad + 4.4 \times 0.48 \times 0.3$

$= 5.98 \mathrm{m}^3$

⑧ 砖砌影壁:

$V = 4.4 \times 0.48 \times 2.4$

$\quad = 5.07 \text{m}^3$

⑨ 外贴自然片石：

$S = (1.8+0.3) \times 0.3 \times 4 + (0.6+0.3) \times 8 \times 0.3 + (0.3+0.3) \times 4 \times 0.3 + (4.7+0.3)$

$\quad \times 0.3 \times 2$

$\quad = 8.4 \text{m}^2$

⑩ 泰山石浮雕：

$S = 4.4 \times 1.6$

$\quad = 7.04 \text{m}^2$

⑪ 影壁贴花岗石面：

$S_1 = (1.8+0.3) \times 2 \times 2.1 \times 2 + 1.8 \times 0.3 \times 2 = 18.72 \text{m}^2$

$S_2 = (0.6+0.3) \times 2 \times 2.1 \times 4 + 0.6 \times 0.3 \times 4 = 15.84 \text{m}^2$

$S_3 = (4.4+0.48) \times 2 \times 2.1 + (0.3+0.3) \times 4 \times 2.1 + 0.9 \times 0.3 \times 4 + 7.4 \times 0.3 + 4.4 \times$

$\quad 0.18 + 0.9 \times 0.3 \times 2 = 30.168 \text{m}^2$

$S = S_1 + S_2 + S_3 - S_{\text{浮雕}} = 57.69 \text{m}^2$

（4）工程量清单计价表（表 3-17）

工程量清单计价表　　　　　　　　　　　表 3-17

序号	项目编码	项 目 名 称	计量单位	工程数量	金额/元	
					综合单价	合价
1	053301001	混凝土基础	m³	6.55	550	3602.5
2	E.33.D	3：7 灰土	m³	14.62	115.41	1687.29
3	053308001	混凝土收边	m³	2	330	660
4	E.34.A	1：3 干硬性水泥砂浆面	m²	88.2	8.37	738.23
5	053502001	花岗石地面	m³	60.48	126	7620.48
6	053501004	水刷小豆石地面	m²	23.25	17.34	403.16
7	053304001	混凝土影壁	m³	5.98	880	5262.4
8	053202001	砖砌影壁	m³	5.07	225.9	1145.31
9	053604003	外贴自然片石	m²	8.4	85	714
10	053604001	泰山石浮雕	m²	7.04	850	5984
11	053604001	影壁贴花岗石面	m²	57.69	106.37	6136.49
		总　　计				33953.86

注：其他费用计取略。

（六）园林甬路

1. 园路简介

（1）知识介绍

园路：指联系景区、景点及活动场所的纽带，具有引导游览、分散人流的功能。一般分为主干道、次干道和游步道。园路的基本构成包括垫层、结合层、面层。出于不同景观的需要，面层又可采用片石、卵石、水泥砖、镶草砖等。

园林中的路是联系各景区景点的纽带和脉络，在园林中起着组织交通的作用，它与城市的马路截然不同，园林中的路是随地形环境、自然景色的变化而布置，引导并组织游人在不断变化的景物中观赏到最佳景观，从而获得轻松、幽静、自然的感受。园林中的路不仅仅有组织交通的功能，它本身也是园林景观的组成部分，它的面材和式样是丰富多彩的，常采用的有石、砖、水泥预制块、各种瓷砖、青石。庭院的地面常采用方砖铺砌，曲折的小径则常采用砖、卵石、青石等材料配合。

甬路：是指通向厅堂、走廊和主要建筑物的道路，在园林景观中多用砖、石砌成或笔直或蜿蜒、起伏的小路。为增加其视觉效果，可用彩色卵石或青步石作面材。

海墁：是指庭院中除了甬路之外，其他地方也都墁砖的做法。

（2）与铺装工程相关的工程量清单计价的统一规定

① 园路卵石路面层项目包括：清理基层，放线，调制运、抹砂浆，铺镶卵石，清理净面，养护。

② 园路混凝土块料面层项目包括：清理基层，放线，调配铺筑，铺砌面层，镶缝，清扫。

③ 园路大理石、花岗石、彩釉砖、广场砖块料面层项目包括：清理基层，放线，调制、运砂浆，刷素水泥浆及成品保护，锯板磨边，铺贴面层，擦缝，清理净面。

④ 嵌草砖铺装项目包括：清理基层，铺设，压实，露空部分填土。

⑤ 园路路床整理项目包括：标高在±30cm 以内的就地挖填找平，夯实，整修，弃土1m 以外。

⑥ 基础垫层项目包括：筛土，浇水，拌合，铺设，找平，夯实；混凝土浇筑，振捣，养护。

⑦ 园路项目包括：园路路基，路床整理，垫层铺筑，路面铺筑，路面养护。

⑧ 路牙铺设项目包括：基层清理，垫层铺设，路牙铺设。

⑨ 镶草砖铺装项目包括：原土夯实，垫层铺设，铺砖，填土。

⑩ 园路项目应注明垫层厚度、宽度、材料种类，路面厚度、宽度、材料种类，混凝土强度等级，砂浆强度等级。

⑪ 路牙铺设项目应注明垫层厚度，材料种类，规格，混凝土强度等级，砂浆强度等级。

⑫ 嵌草砖铺装项目应注明垫层厚度，铺设方式，嵌草砖品种、规格、颜色，露空部分填土要求。

⑬ 在铺砌园路块料面层时，如采用块料面层同样材料做路牙的，其路牙的工程量并入块料面层工程量内计算，不另行套用路牙基价子目。

⑭ 园路按设计图示尺寸以面积计算，不包括路牙。

⑮ 路牙铺设，树池围牙，按设计图示尺寸以长度计算。

⑯ 嵌草砖铺装按设计图示尺寸以面积计算。

⑰ 园路路床整理按设计图示尺寸，两边各放宽 5cm 乘以厚度，以立方米计算。

⑱ 园路垫层（除混凝土垫层外）均按设计图示尺寸，两边各放宽 5cm 乘以厚度，以立方米计算。

2. 嵌草砖园路（图 3-69、图 3-70）

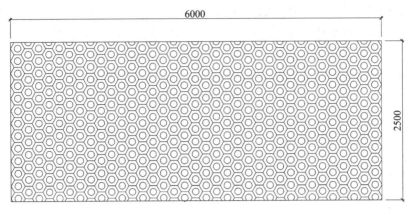

图 3-69　嵌草砖地面平面图

① 整理路床：

$S=长×宽=6.1×2.6=15.86m^2$

② 原土夯实：

$S=长×宽=6.1×2.6=15.86m^2$

③ 挖土方：

$V=长×宽×厚=6.1×2.6×0.24=3.81m^3$

④ 3：7 灰土垫层：

$V=长×宽×厚=6.1×2.6×0.15=2.38m^3$

⑤ 细砂垫层：

$V=长×宽×厚=6×2.5×0.03=0.45m^3$

⑥ 嵌草砖路面：

$S=长×宽=6×2.5=15m^2$

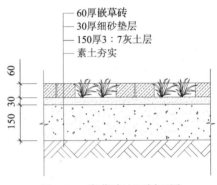

图 3-70　嵌草砖地面剖面图

3. 游乐场安全塑胶垫地面（图 3-71～图 3-73）

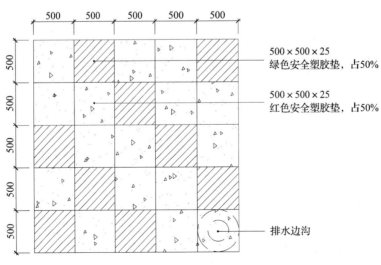

图 3-71　安全塑胶垫平面图

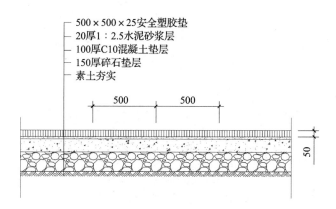

图 3-72 安全塑胶垫铺设剖面

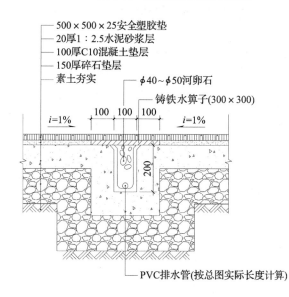

图 3-73 排水边沟大样

① 整理路床：

$S = 2.6 \times 2.6 = 6.76 \mathrm{m}^2$

② 挖土方：

$V = 2.6 \times 2.6 \times 0.32 + 0.3 \times 0.3 \times 0.2(排水管下增加) = 2.18 \mathrm{m}^3$

③ 原土夯实：

$S = 2.6 \times 2.6 + 0.3 \times 0.3 = 6.85 \mathrm{m}^2$

④ 碎石垫层：

$V = 2.6 \times 2.6 \times 0.15 + 0.3 \times 0.3 \times 0.15 = 1.03 \mathrm{m}^3$

⑤ C10 混凝土垫层：

$V = 2.6 \times 2.6 \times 0.1 + 0.3 \times 0.3 \times 0.1 = 0.69 \mathrm{m}^3$

⑥ 水泥砂浆找平层：

$S = 2.5 \times 2.5 = 6.25 \mathrm{m}^2$

⑦ 安全塑胶垫面层：

$$S = 2.5 \times 2.5 = 6.25 \text{m}^2$$

注：排水管另计。

4. 混凝土彩砖地面（图3-74、图3-75）

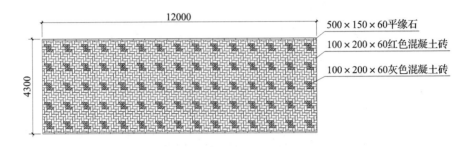

图3-74　混凝土彩砖地面铺装路平面图

① 整理路床：

$$S = 12.1 \times 4.4 = 53.24 \text{m}^2$$

② 挖土方：

$$V = 12.1 \times 4.4 \times (0.15 + 0.08) = 12.25 \text{m}^3$$

③ 原土夯实：

$$S = 12.1 \times 4.4 = 53.24 \text{m}^2$$

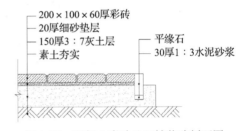

图3-75　混凝土彩砖地面铺装路剖面图

④ 3:7 灰土垫层：

$$V = 12.1 \times 4.4 \times 0.15 = 7.99 \text{m}^3$$

⑤ 铺彩砖：

$$S = 12 \times (4.3 - 0.06 \times 2) = 50.16 \text{m}^2$$

⑥ 铺缘石：

$$L = 12 \times 2 = 24 \text{m}$$

5. 海绵城市砾石带（图3-76、图3-77）

图纸统计：砾石带273.8m²；挡土设施全长79.762m。

① 整理路床（按照图形外扩100mm后实测面积）

$$S = 288 \text{m}^2$$

② 挖土方

$$V = 288 \times 0.25 = 72 \text{m}^3$$

③ 原土夯实

$$S = 288 \text{m}^2$$

④ 150 厚级配碎石

$$V = 273.8 \times 0.15 = 41.07 \text{m}^3$$

⑤ 土工布两层

$$S = 273.8 \times 2 = 547.6 \text{m}^2$$

⑥ 100 厚 $\phi 10 \sim 20$mm 灰色砾石

$$V = 273.8 \times 0.1 = 27.38 \text{m}^3$$

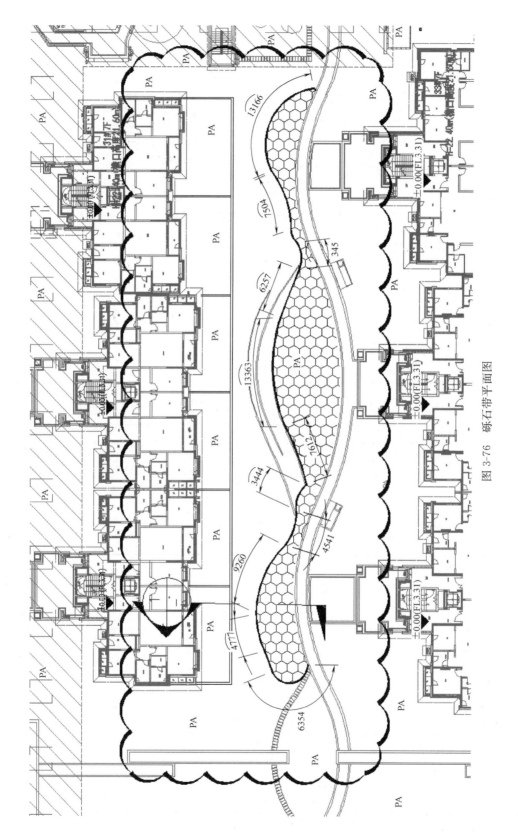

图 3-76 砾石带平面图

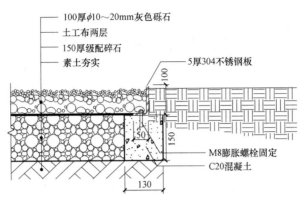

图 3-77　砾石带与绿化接驳位置

⑦ C20 混凝土挡墙

$V = 79.762 \times 0.15 \times 0.13 = 1.55 \text{m}^3$

⑧ 5 厚 304 不锈钢板

$S = 79.762 \times 0.15 = 11.96 \text{m}^2$

6. 工程量清单计价表

① 嵌草砖园路（表 3-18）

嵌草砖园路计价表　　　　　　　　　　　　　表 3-18

序号	项目编码	项 目 名 称	计量单位	工程数量	金额/元	
					综合单价	合价
1	E.2.A	整理路床	m²	15.86	1.5	23.79
2	E.31.B	原土夯实	m²	15.86	0.74	11.73
3	053101002	挖土方	m³	3.81	11.34	43.21
4	E.2.A	3：7 灰土垫层	m³	2.38	112.99	268.92
5	E.2.A	细砂垫层	m³	0.45	113.08	50.88
6	050201001	嵌草砖路面	m²	15.00	28	420
		总计				819

注：其他费用计取略。

② 游乐场安全塑胶垫地面（表 3-19）

游乐场安全塑胶垫地面计价表　　　　　　　　表 3-19

序号	项目编码	项 目 名 称	计量单位	工程数量	金额/元	
					综合单价	合价
1	E.2.A	整理路床	m²	6.76	1.5	10.14
2	053101002	挖土方	m³	2.18	11.34	24.72
3	E.31.B	原土夯实	m²	6.85	0.74	5.07
4	E.2.A	碎石垫层	m³	1.03	110.07	113.37
5	E.2.A	C10 混凝土垫层	m³	0.69	260	179.4
6	E.34.A	水泥砂浆找平层	m²	6.25	12	75
7	生项	安全塑胶垫面层	m²	6.25	90	562.5
		总计				970.2

注：其他费用计取略。

③ 混凝土彩砖地面（表 3-20）

混凝土彩砖地面计价表　　　　　　　　表 3-20

序号	项目编码	项目名称	计量单位	工程数量	金额/元	
					综合单价	合价
1	E.2.A	整理路床	m²	53.24	1.5	79.86
2	053101002	挖土方	m³	12.25	11.34	138.92
3	E.31.B	原土夯实	m²	53.24	0.74	39.4
4	E.2.A	3：7灰土垫层	m³	7.99	112.99	902.79
5	050201001	铺彩砖	m²	50.16	55	2758.8
6	050201002	铺缘石	m	24	18	432
		总计				4351.77

注：其他费用计取略。

④ 海绵城市砾石带（表 3-21）

海绵城市砾石带计价表　　　　　　　　表 3-21

序号	项目编码	项目名称	计量单位	工程数量	金额/元	
					综合单价	合价
1	E2A	整理路床	m²	288	1.5	432
2	053101002	挖土方	m³	72	11.34	816.48
3	E31B	原土夯实	m²	288	0.74	213.12
4	E.2.A	150厚级配碎石	m³	41.07	110.07	4520.57
5	津市1-20	土工布两层	m²	547.6	11.98	6560.25
6	050203003	100厚灰色砾石	m³	27.38	110	3011.8
7	053308001	C20混凝土挡墙	m³	1.55	330	511.5
8	生项	5厚304不锈钢板	m²	11.96	220	2631.2
		总计				18696.92

注：其他费用计取略。

（七）园林景观小品

1. 景观坐凳

（1）与坐凳相关的知识介绍

园椅、园凳是各种园林绿地及城市广场中心必备的设施。它们常被设置在人们需要就座歇息、环境优美、有景可赏之处。园凳、园椅既可单独设置，也可成组布置；既可自由分散布置，也可有规则地连续布置。园椅、园凳也可与花坛等其他小品组合形成一个整体。园椅、园凳的造型要轻巧美观，形式要活泼多样，构造要简单，制作要方便，结合园林环境做出具有特色的设计。园椅、园凳的高度一般为35～40cm。常用的做法有钢管为支架，木板为面的；铸铁为支架，木条为面的；钢筋混凝土现浇的；水磨石预制的；竹材或木材制作的，也有就地取材的，利用自然山石稍经加工而成的，当然还可采用其他材料如大理石、塑料、玻璃纤维等，其总体原则不在于材料贵贱，主要是要符合环境整体的要求，达到和谐美。

坐凳与座椅是园林景观中供游人休息、赏景的设施。它一般常设置在有景可赏或可安静休息的地方或是林荫路间。坐凳一般由扶手、靠背、坐凳面等组成。坐凳楣子为了起到装点作用一般还做成花纹状，常见的有步步锦、灯笼锦、龟背锦、冰裂纹等。坐凳一般放置在曲线环境中，供人们休息、聊天、用餐、看书等。坐凳的形状一般为方形、长条形、圆形等。

（2）与坐凳相关的工程量清单计价的统一规定

A. 与开挖土方及回填土方相关的工程量计算的统一规定

① 挖土工程：槽底宽度在 3m 以内，且长度是宽度 3 倍以外者为地槽；槽底面积在 20m² 以内者为地坑；槽底宽度在 3m 以上，且槽底面积在 20m² 以上者为挖土方。

② 挖基础土方项目包括：排地表水，土方开挖，挡土板支拆，基底钎探，土的运输。

③ 基础土方按设计图示尺寸及基础垫层底面积乘以挖土深度的天然密实体积计算。

④ 其他与开挖项目相关的工程量计算的统一规定详见花坛工程。

B. 与基础垫层相关的工程量计算的统一规定

① 混凝土基础垫层与混凝土基础的划分：混凝土厚度在 12cm 以内者为垫层，执行混凝土垫层基价子目；混凝土厚度在 12cm 以上者为基础，执行混凝土基础基价子目。

② 基础垫层项目包括：拌合，找平，分层夯实，砂浆调制，混凝土浇筑、振捣、养护，混凝土垫层还包括原土夯实。

③ 现浇混凝土其他构件是按设计图示尺寸以体积计算。不扣除构件内钢筋，预埋铁件所占体积。

④ 基础垫层按设计图示尺寸以体积计算，其长度：外墙按中心线，内墙按垫层净长计算。

C. 与木坐凳相关的工程量计算的统一规定

① 木构件制作项目包括：放样，选料，截料，刨光，画线，制作及剔凿成型。

② 木坐凳面项目包括：木坐凳面制作，安装，刷防护材料，油漆。

③ 木坐凳面项目应注明木材种类，板厚，连接方式，防护材料种类。

④ 木构件基价中除注明者外，均以刨光为准，刨光损耗已经包括在基价子目中。基价中的原木，锯材是以自然干燥为准。

⑤ 条式木坐凳面按设计图示尺寸以体积计算。

D. 与花岗石整石相关的工程量计算的统一规定

花岗石整石是视材料品种、大小、按块计算的。

（3）工程量计算（图 3-78、图 3-79）

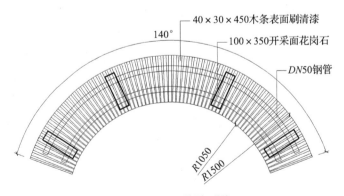

图 3-78 坐凳平面图

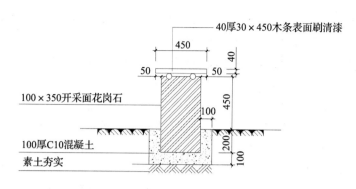

40厚30×450木条表面刷清漆

450

50 50 40

100×350开采面花岗石 450

100×350开采面花岗石 100

100厚C10混凝土 200

素土夯实 100

图3-79 坐凳剖面图

① 人工挖槽：

$V=(0.35+0.2)\times(0.1+0.2)\times0.3\times4=0.2m^3$

② C10混凝土垫层：

$V=(0.35+0.2)\times(0.1+0.2)\times0.3\times4-0.35\times0.1\times0.2\times4=0.17m^3$

③ 开采面花岗石：

$N=4$ 块

④ $DN50$ 钢管：

$L=2.8\times2=5.6m$

⑤ 木板条坐凳：

$V=0.45\times0.03\times0.04\times59(块)=0.032m^3$

（4）工程量清单计价表（表3-22）

工程量清单计价表 表3-22

序号	项目编码	项目名称	计量单位	工程数量	金额/元	
					综合单价	合价
1	053101002	人工挖槽	m³	0.2	15.22	3.04
2	E.35.A	C10混凝土垫层	m³	0.17	230	39.1
3	生项	开采面花岗石	块	4	220	880
4	生项	$DN50$ 钢管	m	5.6	38	212.8
5	050304301	木板条坐凳	m³	0.032	4242.19	135.75
		合 计				1270.69

注：其他费用计取略。

2. 花船

（1）与花船相关的知识介绍

花船是花坛的一种改型方式，以船的形式作为池钵，是用来种植花卉的一种特殊形式的并具有观赏价值的种植床，一般设置在视线比较开阔或是视线焦点处。可布置成花丛状或模纹状，全部种植花草、地被、灌木等。

（2）与花船相关的工程量清单计价的统一规定

A. 与平整场地相关的工程量计算的统一规定

① 平整场地项目包括：标高在±30cm 以内的就地挖填找平。此项目包括：垂直方向在 30cm 以内的土方开挖，场地找平，土的运输。

② 平整场地项目应注明土壤的类别、弃土运距、取土运距。

B. 与开挖土方相关的工程量清单计价的统一规定

① 挖土工程：槽底宽度在 3m 以内，且长度是宽度 3 倍以外者为地槽；槽底面积在 20m² 以内者为地坑；槽底宽度在 3m 以上，且槽底面积在 20m² 以上者为挖土方。

② 挖基础土方项目包括：排地表水，土方开挖，挡土板支拆，基底钎探，土的运输。

③ 挖基础土方按设计图示尺寸及基础垫层底面积乘以挖土深度的天然密实体积计算。

④ 其他与开挖项目相关的工程量计算的统一规定详见花坛工程。

C. 与基础垫层相关的工程量计算的统一规定

① 混凝土基础垫层与混凝土基础的划分：混凝土厚度在 12cm 以内者为垫层，执行混凝土垫层基价子目；混凝土厚度在 12cm 以上者为基础，执行混凝土基础基价子目。

② 基础垫层项目包括：拌合，找平，分层夯实，砂浆调制，混凝土浇筑、振捣、养护；混凝土垫层还包括原土夯实。

③ 现浇混凝土其他构件按设计图示尺寸以体积计算，不扣除构件内钢筋，预埋铁件所占体积。

④ 基础垫层按设计图示尺寸以体积计算，其长度：外墙按中心线，内墙按垫层净长计算。

D. 与混凝土船体工程相关的工程量的计算的统一规定

① 现浇钢筋混凝土基础包括：混凝土的浇筑、振捣、养护。

② 现浇钢筋混凝土基础项目应注明混凝土的强度等级，混凝土拌合料要求，还应注明垫层材料种类，厚度。

③ 现浇混凝土船体按设计图示尺寸以体积计算。

E. 与饰面工程相关工程量计算的统一规定

① 石材墙面、柱面，零星项目，园林小品，水池，花坛壁面。碎拼石材墙面、柱面，零星项目，园林小品，花坛壁面。块料墙面、柱面，零星项目，水池，花坛壁面项目包括：基层清理，砂浆制作，运输，底层抹灰，结合层铺贴，面层铺贴，镶缝，刷防护材料，磨光，酸洗，打蜡。

② 园林小品饰面项目按设计图示尺寸以展开面积计算。

（3）工程量计算（图 3-80、图 3-81）

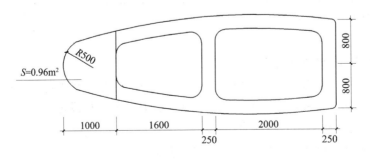

图 3-80　花船平面图

98

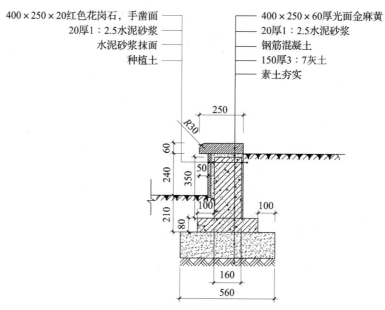

图 3-81 花船剖面图

① 平整场地：

S ＝考虑最大的边距的面积

＝$5.1 \times 1.6 = 8.16 m^2$

② 挖土方：

$V = (5.1 + 0.2 \times 2) \times (1.6 + 0.2 \times 2) \times (0.208 + 0.15) = 3.94 m^3$

③ 素土夯实 （经实测除船体前方弧形以外，其他船体的中心线，包括中间的船体为10.8m）：

$V = V_{弧形（按近似等腰梯形考虑）} + V_{其他船体}$

$= \left\{ \dfrac{[(0.85 + 0.2 \times 2) + (1.3 + 0.2 \times 2)] \times 1}{2} + 10.8 \times 0.56 \right\} \times 0.15 = 1.13 m^3$

④ 3：7 灰土垫层：

$V = \left\{ \dfrac{[(0.85 + 0.2 \times 2) + (1.3 + 0.2 \times 2)] \times 1}{2} + 10.8 \times 0.56 \right\} \times 0.15 = 1.13 m^3$

⑤ 钢筋混凝土垫层：

$V = \left\{ \dfrac{[(0.85 + 0.1 \times 2) + (1.3 + 0.1 \times 2)] \times 1}{2} + 10.8 \times 0.36 \right\} \times 0.08 = 0.41 m^3$

⑥ 钢筋混凝土船体：

$V = V_{弧形} + V_{其他船体}$

$= (0.96 + 10.8 \times 0.16) \times 0.35 = 0.94 m^3$

⑦ 红色花岗石船壁：

S ＝外圈弧长×高

＝实量长为 $12.6 m \times 0.24 = 3.02 m^2$

⑧ 60 厚光面金麻黄花岗石压顶：

$S = S_{弧形} + S_{其他船体}$

＝$0.96 + 10.8 \times 0.25 = 3.66 m^2$

(4) 工程量清单计价表（表 3-23）

工程量清单计价表 表 3-23

序号	项目编码	项 目 名 称	计量单位	工程数量	金额/元	
					综合单价	合价
1	053101001	平整场地	m^2	8.16	2.69	21.95
2	053101002	挖土方	m^3	3.94	11.34	44.68
3	E.35.A	素土夯实	m^3	1.13	65	73.45
4	E.35.A	3∶7 灰土垫层	m^3	1.13	115.41	130.41
5	E.33.D	钢筋混凝土垫层	m^3	0.41	550	225.5
6	053306001	钢筋混凝土船体	m^3	0.94	1280	1203.2
7	053606001	红色花岗石船壁	m^2	3.02	142	428.84
8	053607001	60 厚光面金麻黄花岗石压顶	m^2	3.66	165	603.9
		总　　计				2731.93

注：其他费用计取略。

3. 花坛、花池、生态树池

(1) 相关专业知识介绍

在园林景观中，花坛、花池是很常见的，不论是平面形式还是立体效果都是千姿百态的。它是随着景观造景的需要而设置的，其所用材料，简易的用砖砌，稍复杂的采用钢筋混凝土浇筑。为配合景观和种植，花坛的饰面还采用了一些不同颜色和不同材质的做法。

花坛是把花期相同的多种花卉或不同颜色的同种花卉种植在一定轮廓的范围内，并组成图案。一般设置在空间开阔，高度在人的视平线以下的地带。所种植的花草要与地被植物和灌木相结合，给人以层次分明、色彩明亮的感觉。花坛是观赏花卉的一种形式。它的平面形式是多种多样的，有简有繁。大型的一般比较宽大，利用多颜色多品种的花卉使景观的视觉比较开阔。小巧型的是利用花篮、花瓶、卡通造型、动物造型等式样适时种植花卉和花草。从立体感观效应上也是采用多形式多式样或是错落有致的形式加以变换，给人以较强的视觉感受。又以盛花花坛、立体花坛、草皮花坛、独立花坛、带状花坛、混合花坛等不同的式样组成不同颜色、不同组合、不同效果的造型。

花池一般是指景观中的种植池，低为池高为台，外形形状也是多种多样的。一般常作为造景点缀或是与其他景观的山石相结合，成为相映一景。

花台是将地面抬高几十厘米，以砖石矮墙围合，其中再植花木的景观设施。它能改变人的欣赏角度，展现枝条下垂植物的姿态美，同时可以和坐凳相结合，供人们休息。

花钵是把花期相同的多种花卉或不同颜色的同种花卉种植在一个高于地面、具有一定几何形状的钵体之中。常用构架材料有花岗石材、玻璃钢。常见的钵体形状有圆形高脚杯形、方形高脚杯形等。钵体常与其他花池相连，构成一组错落有致的景观。

(2) 与花坛、生态树池相关的工程量清单计价的统一规定

A. 与开挖土方及回填土方相关的工程量计算的统一规定

① 挖土工程：槽底宽度在 3m 以内，且长度是宽度 3 倍以外者为地槽；槽底面积在 $20m^2$ 以内者为地坑；槽底宽度在 3m 以上，且槽底面积在 $20m^2$ 以上者为挖土方。

② 土壤分类及鉴别方法见表 3-24。

土壤分类及鉴别方法   表 3-24

类　别	土壤名称及特征	鉴别方法
一般土	1. 潮湿的黏性土或黄土 2. 软的盐土或碱土 3. 含有建筑材料或碎石、卵石的堆土和种植土 4. 中等密实的黏性土或黄土 5. 含有碎石、卵石或建筑材料碎料的潮湿的黏土或黄土	用尖锹并同时用镐开挖
砂砾坚土	1. 坚硬的密实黏性土或黄土 2. 含有碎石、卵石（体积占 10%～30%，重量在 25kg 以内的石块）中等密实的黏性土或黄土 3. 硬化的重壤土	全部用镐挖掘，少许用撬棍挖掘

③ 人工挖地槽、地坑，土方项目包括：挖土抛于槽边 1m 以外或装、运土，修整底边。

④ 场地填土分松土和夯土两项。

⑤ 挖基础土方项目包括：排地表水，土方开挖，挡土板支拆，基底钎探，土的运输。

⑥ 土方回填项目包括：挖土方、装卸、运输、回填、分层碾压、夯实。

⑦ 挖基础土方项目应注明土壤类别，基础类型，垫层底宽，底面积，挖土深度，弃土运距。

⑧ 人工挖地槽、挖地坑，挖土方如遇到冻土时，应按一般土的相应基价子目乘以系数 1.53 计算。

⑨ 平整场地项目包括：标高在 ±30cm 以内的就地挖填找平。就地的范围指人力能抛掷的距离。

⑩ 平整场地按设计图标尺寸及建筑物的首层面积计算。

⑪ 挖基础土方按设计图示尺寸及基础垫层底面积乘以挖土深度的天然密实体积计算。

⑫ 土方回填按设计图示尺寸以体积计算。

a. 场地回填：回填面积乘以平均回填深度。

b. 室内回填：主墙间净面积乘以回填厚度。

c. 基础回填：挖方体积减去设计室外地平以下埋设的基础体积（包括垫层及其他构筑物）。

⑬ 人工运土、石均按天然密实体积以立方米计算。

⑭ 槽底钎探均按槽底面积以平方米计算。

⑮ 围墙的平整场地是每边各加 1m。

⑯ 人工挖土方的体积应按槽底面积乘以挖土深度计算；槽底面积应以槽底的长度乘以槽底的宽，槽底长和宽是指混凝土垫层外边线加工作面，如有排水沟者应算排水沟外边线。排水沟的体积应纳入总土方量内。当需要放坡时，应将放坡的土方量合并于总土方量中。

⑰ 人工挖地槽的体积应是外墙地槽和内墙地槽总体积。槽长的计算：外墙地槽按外墙地槽的中心线计算，内墙地槽长度按内墙槽底净长度计算；槽宽按设计图示尺寸加工作面的宽度计算；槽深按自然地平至槽底计算。当需要放坡时，应将放坡的土方量合并于总土方量中。

⑱ 挖地槽、挖地坑、挖土方的放坡坡度及起始深度按表 3-25 规定执行。

放坡系数表 表 3-25

土壤类别	起始深度/m	人工挖土	机械挖土	
			在坑内作业	在坑外作业
一般土	1.40	1：0.43	1：0.30	1：0.72
砂砾坚土	2.00	1：0.25	1：0.10	1：0.33

⑲ 挖地槽、挖地坑、挖土方适当留出下步施工工序必须的工作面，工作面的宽度应按施工组织设计所确定的宽度计算，如无施工组织设计时可参照表 3-26 数据计算。

工作面的宽度表 表 3-26

基础工程施工项目	每边增加工作面/cm
毛石砌筑	15
混凝土基础或基础垫层需要支模板时	30
使用卷材或防水砂浆作垂直防潮层	80
带挡土板的挖土	10

⑳ 各类土方的虚实体积折算可按表 3-27 的系数折算。

各类土方的虚实体积折算系数表 表 3-27

虚 土	天然密实土	夯实土	松填土
1.00	0.77	0.67	0.83
1.30	1.00	0.83	1.08
1.50	1.15	1.00	1.25
1.20	0.92	0.80	1.00

B. 与基础垫层相关的工程量计算的统一规定

① 混凝土基础垫层与混凝土基础的划分：混凝土厚度在 12cm 以内者为垫层，执行混凝土垫层基价子目；混凝土厚度在 12cm 以上者为基础，执行混凝土基础基价子目。

② 基础垫层项目包括：拌合，找平，分层夯实，砂浆调制，混凝土浇筑、振捣、养护；混凝土垫层还包括原土夯实。

③ 现浇混凝土其他构件是按设计图示尺寸以体积计算，不扣除构件内钢筋，预埋铁件所占体积。

C. 与砌花坛相关的工程量的统一规定

① 砖砌体项目包括：调制、运砂浆，运、砌砖。

② 实心砖墙项目包括：砂浆制作、运输，勾缝，砌砖，砖压顶砌筑，材料运输。

③ 零星砌砖项目应注明零星砌砖名称，部位，勾缝要求，砂浆强度等级，配合比。

④ 零星砌砖设计图示尺寸以体积计算，扣除混凝土及钢筋混凝土梁垫、梁头、板头所占体积。

⑤ 零星砌筑按设计图示尺寸以立方米计算，扣除混凝土及钢筋混凝土梁头、梁垫、板头所占的体积。

⑥ 标准砖墙厚按表 3-28 计算。

標準砖墙厚度表   表 3-28

墙厚（砖）	1/4	1/2	3/4	1	3/2	2
计算厚度/mm	53	115	180	240	365	490

D. 与花坛、树池饰面相关的工程量计算的统一规定

① 墙面勾缝项目包括：基层清理，砂浆制作、运输，勾缝。

② 花坛贴面包括：基层清理，砂浆制作、运输，底层抹灰，结合层铺贴。

③ 零星镶贴块料按设计图示尺寸以面积计算，花坛壁面镶贴块料按设计图示尺寸及面积计算。

④ 墙面勾缝按垂直投影面积计算，应扣除墙面局部抹灰面积。

⑤ 卵石面层按设计图示尺寸以"面积"计算。

⑥ 树池围牙按设计图示尺寸以"延长米"计算。

⑦ 盖板（复合材料、铸铁）按设计图示以"套"计算，填充材料按设计图示尺寸以树池内框面积计算。

⑧ 干铺砾石按设计图示尺寸乘以厚度以"立方米"计算。

（3）工程量计算（图 3-82～图 3-84）

① 花坛

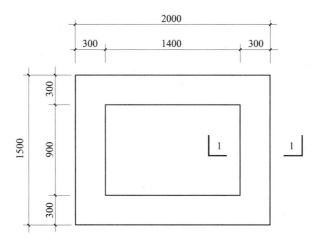

图 3-82　花坛平面图

a. 平整场地：

$S=长×宽=2×1.5=3m^2$

b. 人工挖地坑：

$V=长×宽×高=2×1.5×0.43=1.29m^3$

c. 素混凝土基础垫层：

$V=中心线的长×宽×高=5.8×0.5×0.1=0.29m^3$

d. 砌花池：

$V=中心线的长×宽×高=5.8×0.3×0.67=1.17m^3$

e. 沂蒙红花岗石压顶：

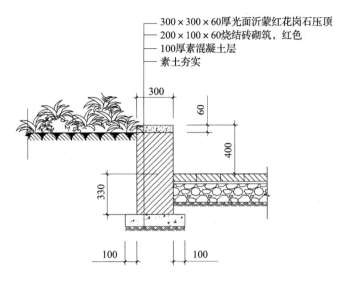

图 3-83 1—1 花坛剖面图

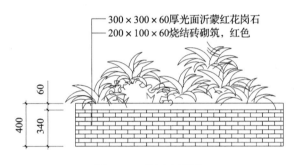

图 3-84 花坛立面图

$S=$ 中心线的长×宽$=5.8×0.3=1.74m^2$

$f.$ 回填种植土：

$V=$ 内圈长×宽×高×虚土折成松填土的系数$=1.4×0.9×0.77×1.25=1.21m^3$

② 生态树池（图 3-85）

A. 工程量计算

$a.$ 平整场地

$S=1.5×1.5=2.25m^2$

$b.$ 挖土方

$V=(1.3+0.2×2)×(1.3+0.2×2)×(1.5+0.1+0.2)=5.2m^3$

$c.$ 铺透水土工布两层

$S=1.3×1.3×2=3.38m^2$

$d.$ 200 厚砾石排水层

$V=1.3×1.3×0.2=0.34m^3$

$e.$ 回填种植土

$V=1.3×1.3×1.5×1.2($系数$)=3.04m^3$

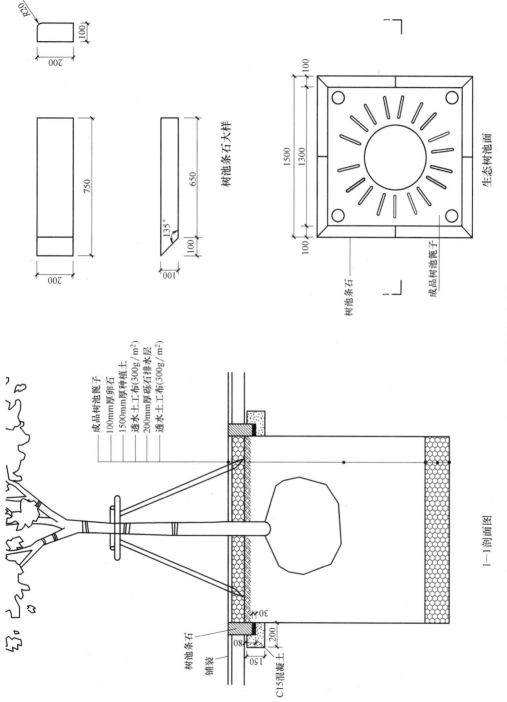

树池条石大样

树池条石

成品树池篦子

生态树池面

1—1剖面图

成品树池篦子
100mm厚卵石
1500mm厚种植土
透水土工布(300g/m²)
200mm厚砾石排水层
透水土工布(300g/m²)

树池条石
铺装

C15混凝土

图 3-85　生态树池构造示意图

f. 上填 100 厚卵石

$S=1.3\times1.3=1.69m^2$

g. 成品树池篦子

$n=1$ 套

h. 条石围牙

$L=(1.5\times2)+(1.3\times2)=5.6m$

i. 围牙下 C15 混凝土

$V=[(1.5\times2)+(1.3\times2)]\times0.2\times0.15=0.17m^3$

（4）工程量清单计价表（表3-29）（表3-30）

① 花池

工程量清单计价表

表 3-29

序号	项目编码	项目名称	计量单位	工程数量	金额/元	
					综合单价	合价
1	053101001	平整场地	m²	3	2.69	8.07
2	053101002	人工挖地坑	m³	1.29	16.52	21.31
3	E.35.A	素混凝土基础垫层	m³	0.29	230.00	66.7
4	053202004	砌花池	m³	1.17	265.93	311.14
5	053607001	沂蒙红花岗石压顶(60厚)	m³	1.74	320.00	556.8
6	E.1.E	回填种植土	m³	1.21	62.22	75.29
		总　计				1039.31

注：其他费用计取略。

② 生态树池

B. 工程量清单计价表（表3-30）

工程量清单计价表

表 3-30

序号	项目编码	项目名称	计量单位	工程数量	金额/元	
					综合单价	合价
1	053101001	平整场地	m²	2.25	2.69	6.05
2	053101002	挖土方	m³	5.2	11.34	58.97
3	津市1-20	铺土工布	m²	3.38	11.98	40.49
4	050203003	200厚砾土层	m³	0.34	110	37.4
5	E.1.E	回填种植土	m³	3.04	62.22	189.15
6	津园21-127	100厚卵石	m²	1.69	46.512	78.61
7	津园21-120	条石围牙	m	5.6	65.02	364.11
8	津园21-125	成品树池篦子	套	1	474.17	474.17
9	053308001	围牙下混凝土	m³	0.17	330	56.1
10	总计					1305.05

注：其他费用计取略。

4. 带坐凳花池

（1）相关专业知识介绍

花池一般是指景观中的种植池，低为池高为台。外部形状也是多种多样的，一般常做景点的造景点缀或是与其他景观山石相结合相应一景。

树池：在铺装地面上需要栽植树木时，在需要种植的树木周围预留一块土地，并把它围圈起来，这就是树池。当树池池壁与铺装地面的标高一致时称为平树池，它一般可用普通砖直砌或用混凝土浇筑。当树池池壁高出地面并做成树珥时，就是高树池，它一般是为了保护池内土壤和苗木的正常生长。在绿地周边也常见用混凝土块围成的围牙，主要作用就是保护绿地中的苗木花草的正常生长，防止人员或牲畜和其他外界因素对花草树木造成伤害。

（2）与带坐凳花池相关的工程量清单计价的统一规定

A. 与开挖土方及回填土方相关的工程量计算的统一规定

① 挖土工程：槽底宽度在 3m 以内，且长度是宽度 3 倍以上者为地槽；槽底面积在 20m² 以内者为地坑；槽底宽度在 3m 以上，且槽底面积在 20m² 以上者为挖土方。

② 挖基础土方项目包括：排地表水，土方开挖，挡土板支拆，基底钎探，土的运输。

③ 基础土方按设计图示尺寸及基础垫层底面积乘以挖土深度的天然密实体积计算。

④ 其他与开挖项目相关的工程量计算的统一规定详见花坛工程。

B. 与基础垫层相关的工程量计算的统一规定

① 混凝土基础垫层与混凝土基础的划分：混凝土厚度在 12cm 以内者为垫层，执行混凝土垫层基价子目；混凝土厚度在 12cm 以上者为基础，执行混凝土基础基价子目。

② 基础垫层项目包括：拌合，找平，分层夯实，砂浆调制，混凝土浇筑、振捣、养护；混凝土垫层还包括原土夯实。

③ 现浇混凝土其他构件是按设计图示尺寸以体积计算，不扣除构件内钢筋，预埋铁件所占体积。

④ 基础垫层按设计图示尺寸以体积计算，其长度：外墙按中心线，内墙按垫层净长计算。

C. 与砌花坛相关的工程量的统一规定

① 砖砌体项目包括：调制、运砂浆，运、砌砖。

② 实心砖墙项目包括：砂浆制作、运输，勾缝，砌砖，砖压顶砌筑，材料运输。

③ 零星砌砖项目应注明零星砌砖名称，部位，勾缝要求，砂浆强度等级，配合比。

④ 零星砌砖设计图示尺寸以体积计算，扣除混凝土及钢筋混凝土梁垫、梁头、板头所占体积。

⑤ 零星砌筑按设计图示尺寸以立方米计算，扣除混凝土及钢筋混凝土梁头、梁垫、板头所占体积。

D. 与木坐凳相关的工程量计算的统一规定

① 木构件制作项目包括：放样，选料，截料，刨光，画线，制作及剔凿成型。

② 木坐凳面项目包括：木坐凳面制作、安装，刷防护材料、油漆。

③ 木坐凳面项目应注明木材种类，板厚，连接方式，防护材料种类。

④ 木构件基价中除注明者外，均以刨光为准，刨光损耗已经包括在基价子目中。基价中的原木、锯材是以自然干燥为准。

⑤ 板式木坐凳面按设计图示尺寸以面积计算。

E. 与花坛饰面相关的工程量计算的统一规定

① 墙面勾缝项目包括：基层清理，砂浆制作、运输，勾缝。

② 花坛贴面包括：基层清理，砂浆制作、运输，底层抹灰，结合层铺贴。

③ 零星镶贴块料按设计图示尺寸以面积计算，花坛壁面镶贴块料按设计图示尺寸以面积计算。

（3）工程量计算（图 3-86、图 3-87）

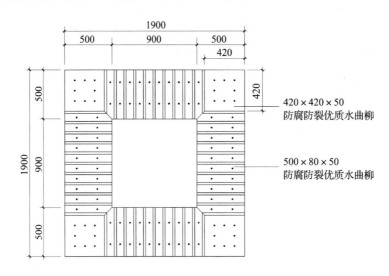

图 3-86　带坐凳花池平面图

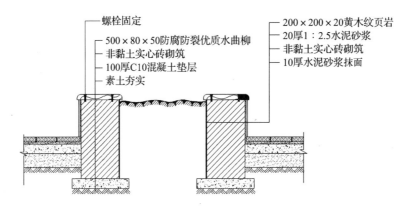

图 3-87　带坐凳花池剖面图

① 挖地坑：

$V=$ 断面(考虑留工作面)×开挖高

$\quad=(1.9+0.2+0.3\times2)\times(1.9+0.2+0.3\times2)\times(0.45+0.1)$

$\quad=4.01\mathrm{m}^3$

② 回填种植土：

$V=$ 内断面×填土高×虚土折松土系数

$$=0.9\times0.9\times(0.45+0.4+0.1)\times1.25$$
$$=0.96m^3$$

③ C10 混凝土基础垫层：

$V=$ 中心线的长 $\times$ 断面

$$=(0.9+0.5)\times4\times0.7\times0.1$$
$$=0.39m^3$$

④ 砌花池：

$V=$ 中心线长 $\times$ 断面

$$=(0.9+0.5)\times4\times0.5\times(0.45+0.4)$$
$$=2.38m^3$$

⑤ 木坐凳板：

$S=$ 中心线长 $\times$ 宽

$$=(0.9+0.5)\times4\times0.5$$
$$=2.8m^2$$

⑥ 池外贴黄木纹页岩：

$S=$ 外周圈长 $\times$ 贴面高

$$=1.9\times4\times0.4$$
$$=3.04m^2$$

（4）工程量清单计价表（表 3-31）

工程量清单计价表   表 3-31

序号	项目编码	项目名称	计量单位	工程数量	金额/元	
					综合单价	合价
1	053101002	挖地坑	m^3	0.93	16.52	15.36
2	E.1.E	回填种植土	m^3	0.96	62.22	59.73
3	E.35.A	C10 混凝土基础垫层	m^3	0.39	230	78.7
4	053202004	砌花池	m^3	2.38	265.93	632.91
5	050304301	木坐凳板	m^2	2.8	194.25	543.9
6	053607001	池外贴黄木纹页岩	m^2	3.04	95	288.8
		合　计				1619

注：其他费用计取略。

(八) 园林建筑小品

1. 门卫岗亭

（1）相关专业知识介绍

在园林景观中，园林管理室、出售门票处和小卖部都是公园景观中不可缺少的。由于它们设置在公园中，所以对它们的外部形状和使用功能就有了比较高的要求。它们既是公园中的一个设施，也是公园中一景。好的设计效果会起到烘托气氛、美化景观、加深意境的作用。同时，这些具有一定使用功能的建筑小品，在满足各种游览活动的需要之外，也成了园林景观中不可缺少的组成部分。

（2）与门卫岗亭相关的工程量清单计价的统一规定

A. 与开挖土方及回填土方相关的工程量计算的统一规定

① 挖土工程：槽底宽度在 3m 以内，且长度是宽度 3 倍以外者为地槽；槽底面积在 20m² 以内者为地坑；槽底宽度在 3m 以上，且槽底面积在 20m² 以上者为挖土方。

② 挖基础土方项目包括：排地表水，土方开挖，挡土板支拆，基底钎探，土的运输。

③ 平整场地项目包括：标高在 ±30cm 以内的就地挖填找平。就地的范围指人力能抛掷的距离。

④ 挖基础土方按设计图示尺寸及基础垫层底面积乘以挖土深度的天然密实体积计算。

⑤ 人工挖地槽的体积应是外墙地槽和内墙地槽的总体积。槽长的计算：外墙地槽按外墙地槽的中心线计算，内墙地槽按内墙槽底净长度计算；槽宽按设计图示尺寸加工作面的宽度计算；槽深按自然地平至槽底深度计算。当需要放坡时，应将放坡的土方量合并于总土方量中。

⑥ 其他与开挖项目相关的工程量计算的统一规定详见花坛工程。

B. 与基础垫层相关的工程量计算的统一规定

① 混凝土基础垫层与混凝土基础的划分：混凝土厚度在 12cm 以内者为垫层，执行混凝土垫层基价子目；混凝土厚度在 12cm 以上者为基础，执行混凝土基础基价子目。

② 基础垫层项目包括：拌合，找平，分层夯实，砂浆调制，混凝土浇筑、振捣、养护，混凝土垫层还包括原土夯实。

③ 现浇混凝土其他构件按设计图示尺寸以体积计算，不扣除构件内钢筋，预埋铁件所占体积。

④ 基础垫层按设计图示尺寸以体积计算，其长度：外墙按中心线，内墙按垫层净长计算。

C. 与混凝土工程相关的工程量计算的统一规定

① 现浇钢筋混凝土基础包括：混凝土的浇筑，振捣，养护。

② 现浇钢筋混凝土基础项目应注明混凝土的强度等级，混凝土拌合料要求，还应注明垫层材料种类，厚度。

③ 现浇钢筋混凝土带形基础，独立基础，杯形基础，满堂基础按设计图示尺寸以体积计算，不扣除构件内钢筋，预埋件所占体积。

④ 混凝土压顶按设计图示尺寸以体积计算。

D. 与饰面工程相关工程量计算的统一规定

① 挂贴大理石、花岗石项目包括：刷浆，预埋铁件，选料湿水，钻孔成槽，镶贴面层及阴阳角，磨光，打蜡，擦缝，养护。

② 粘贴大理石、花岗石项目包括：打底刷浆，镶贴块料面层，刷胶黏剂，切割面料，磨光，打蜡，擦缝，养护。

③ 石材墙面、柱面，零星项目，园林小品，水池，花坛壁面。碎拼石材墙面、柱面，零星项目，园林小品，花坛壁面。块料墙面、柱面，零星项目，水池，花坛壁面项目包括：基层清理，砂浆制作，运输，底层抹灰，结合层铺贴，面层铺贴，镶缝，刷防护材料，磨光，酸洗，打蜡。

④ 石材墙面、柱面，零星项目，园林小品，水池，花坛壁面。碎拼石材墙面、柱面，零星项目，园林小品，花坛壁面。块料墙面、柱面，零星项目，水池，花坛壁面项目应注明墙、柱类型，底层厚度，砂浆配合比，结合层厚度，材料种类，面层品种，规格，颜色，磨光，酸洗要求。

⑤ 墙面抹灰项目包括：抹灰、找平、罩面、压光，抹门窗洞口侧壁，护角，阴阳角，装饰线等全部操作过程。还包括基层处理，砂浆制作、运输，底层抹灰，抹面层，抹装饰面等。

⑥ 墙面、零星项目抹灰项目应注明墙类型，底层厚度，砂浆配合比，面层厚度，装饰面材料种类等。

⑦ 各种抹灰基价子目配合比如与设计要求不同时，不允许换算，当主材品种不同时，可根据设计要求对主材进行补充、换算，但人工费、辅助材料费、机械费及管理费不变。

⑧ 墙面抹灰按设计尺寸以面积计算。扣除墙裙、门洞口以及单个面积在 $0.3m^2$ 以外的孔洞所占的面积，不扣除踢脚线、挂镜线和墙与构件交接处所占的面积，门洞口和孔洞的侧壁及顶面也不增加面积。附墙柱、梁、垛的侧壁并入相应的墙面面积内。

⑨ 外墙墙裙抹灰面积按其长度乘以高度以展开面积计算。门口和空圈所占面积应予扣除，侧壁并入相应项目计算。

⑩ 内墙墙面抹灰面积按主墙间的净长乘以高度计算，无墙裙的其高度按室内楼地面至顶棚底面计算；有墙裙的，其高度按墙裙顶至顶棚底面另加 10cm 计算。

⑪ 内墙裙抹灰面按内墙净长乘以高度计算。

⑫ 外墙面抹灰，应扣除墙裙、门窗洞口和空圈所占的面积，不扣除单个面积在 $0.3m^2$ 以内的孔洞所占的面积。门窗洞口及空圈的侧壁、顶面、垛的侧面抹灰，并入相应的墙面抹灰中计算。

⑬ 砂浆粘贴马赛克、面砖、墙砖、文化石项目包括：打底抹灰，刷水泥砂浆，选料，刷胶黏剂，镶贴面层，擦缝，清洁表面。

⑭ 墙面镶贴块料面层按设计图示尺寸以面积计算。

⑮ 墙面刷油漆按设计图示尺寸以展开面积计算。

⑯ 门窗按设计图示尺寸以面积计算。

⑰ 彩钢板及百叶铝材按设计图示尺寸以面积计算。

E. 与金属结构工程相关工程量计算的统一规定

① 金属构件制作项目包括：放样、钢材校正、划线下料、平直、钻孔、刨边、倒棱、煨弯、装配，焊接成品、校正、运输、堆放。

② 金属构件安装项目包括：构件加固、吊装校正、拧紧螺栓、电焊固定、构件翻身、就位、场内运输。

③ 金属构件项目包括：除锈、清扫、打磨、刷油。

④ 金属花架柱、梁项目应注明，钢材品种、规格，柱、梁截面，油漆品种，刷漆遍数。

⑤ 金属构件制作是按焊接为主考虑的，对构件局部采用螺栓连接时，宜考虑在基价内部再换算，但如遇有铆接为主的构件时，应另行补充基价子目。

⑥ 金属构件基价中的油漆，一般均综合考虑了防锈漆一道，调和漆两道，如设计要求不同时，可按刷油漆项目的有关规定计算刷油漆。

⑦ 金属花架柱、梁按设计图示以重量计算。

F. 与砌墙相关的工程量清单计价的统一规定

① 砖砌体项目包括：调制、运砂浆，运、砌砖。

② 实心砖墙项目包括：砂浆制作、运输，勾缝，砌砖，砖压顶砌筑，材料运输。

③ 砖基础项目包括：砂浆制作、运输，铺设垫层，砌砖，防潮层铺设，材料运输。

④ 砖基础项目应注明砖的品种、规格、强度等级、基础类型、基础深度、砂浆强度等级；还应包括垫层的材料种类和厚度。

⑤ 砖基础项目应注明砖的品种、规格、强度等级、墙体类型、墙体高度、墙体厚度，砂浆强度、勾缝要求、配合比等。

⑥ 实心砖墙项目适用于各类实心砖墙，可分为外墙、内墙、围墙、双面混水墙、双面清水墙、单面清水墙、直形墙、弧形墙、不同的墙厚，砌筑砂浆分水泥砂浆、混合砂浆、不同的强度等级、不同的砖强度等。

⑦ 砖基础项目适用于墙基础、柱基础等，对基础类型应在工程量清单中进行描述。

⑧ 砌砖墙基价子目中综合考虑了除单砖墙以外不同的厚度，内墙与外墙、清水墙与混水墙的因素。

⑨ 砖基础按设计图示尺寸以体积计算。包括附墙垛基础宽出部分体积，扣除地梁（圈梁）、构造柱所占体积，不扣除基础大放脚丁形接头处的重叠部分及嵌入基础内的钢筋、铁件、管道、基础砂浆防潮层和单个面积在 $0.3m^2$ 以内的孔洞所占体积，靠墙暖气沟的挑檐不增加。

⑩ 基础长度：外墙按中心线、内墙按净长计算。

⑪ 实心砖墙按设计尺寸以体积计算。扣除门窗洞口、过人洞、空圈，嵌入墙内的钢筋混凝土柱、梁、圈梁、挑梁、过梁以及凹进墙内的管道、暖气槽、消火栓所占体积。不扣除梁头、板头、檩头、垫木、木砖，砖墙内加固钢筋、木筋、铁件、钢管及单个面积在 $0.3m^2$ 以内的孔洞所占体积。凸出墙面的腰线、挑檐、压顶、窗台线、门窗套的体积也不增加。凸出墙面的砖垛并入墙体体积内计算。

⑫ 砖墙长度：外墙按中心线、内墙按净长线计算。

⑬ 砖墙高度：外墙坡屋面无檐口顶棚者算至屋面板底；有屋架且室内外均有顶棚者算至屋架下弦底另加 200mm；无顶棚者算至屋架下弦底另加 300mm；出檐宽度超过 600mm 时按实砌高度计算；平屋面算至钢筋混凝土板底。内墙，位于屋架下弦者算至屋架下弦底；无屋架者算至顶棚底另加 100mm；有钢筋混凝土楼板隔层者算至楼板顶；有框架梁时算至梁底。女儿墙从屋面板上表面算至女儿墙顶面。内外山墙按其平均高度计算。

⑭ 实心砖柱，零星砌体按设计图示尺寸以体积计算，扣除混凝土及钢筋混凝土梁垫、梁头、板头所占体积。

⑮ 基础砂浆防潮层按设计图示尺寸以面积计算。

⑯ 砖柱不分柱身和柱基，其工程量合并计算，套用砖柱基价子目执行。

⑰ 砖地沟按设计图示尺寸以实体积计算。

⑱ 标准砖厚度按表 3-32 计算：

标准砖厚度表   表 3-32

墙　　厚	1/4	1/2	3/4	1	3/2	2
计算厚度/mm	53	115	180	240	365	490

G. 与地面相关的工程量清单计价的统一规定

① 水泥砂浆地面项目包括：抹灰、压光。

② 地面垫层项目包括：铺设垫层、拌合、找平、夯实，调制砂浆及灌缝，混凝土浇筑、振捣、养护，炉渣混合物铺设拍实；混凝土垫层还包括原土夯实。

③ 水泥砂浆地面项目包括：基层处理，垫层铺设，抹找平层，防水层铺设，抹面层，材料运输。

④ 水泥砂浆踢脚线、石材踢脚线、块料踢脚线项目包括：基层处理，底层抹灰，面层铺贴，勾缝，磨光，酸洗，打蜡，刷防护材料，材料运输。

⑤ 水泥砂浆地面项目应注明垫层材料种类、厚度，找平层厚度，砂浆配合比，防水层厚度，面层厚度。

⑥ 水泥砂浆踢脚线项目应注明踢脚线高度、底层厚度、砂浆配合比、面层厚度。

⑦ 整体面层、块料面层按设计图示尺寸以面积计算，扣除凸出地面构筑物，设备基础，室内轨道、地沟等所占体积；不扣除间壁墙和 0.3m² 以内的柱、垛、附墙烟囱及空洞所占面积。门洞、空圈、暖气包槽的开口部分不增加面积。

⑧ 地面垫层面积同地面面积，应扣除沟道所占面积乘以垫层厚度以立方米计算。

⑨ 水泥砂浆踢脚线按设计图示尺寸以米计算，不扣除门洞及空圈的长度，但门洞空圈和垛的侧壁也不增加。

（3）工程量计算（图 3-88～图 3-92）

① 平整场地：

$S=(2.17+0.24)\times(2.17+0.24)=5.81\text{m}^2$

② 人工挖地槽：

$V=$ 外墙中心线长×挖槽宽(考虑工作面)×高

$=(2.17\times4)\times(0.78\times2)\times0.92=12.46\text{m}^3$

③ 基础垫层：

$V=$ 外墙中心线长×垫层断面

$=(2.17\times4)\times0.48\times2\times0.1=0.83\text{m}^3$

④ 混凝土基础：

$V=$ 外墙中心线长×混凝土基础断面

$=2.17\times4\times0.38\times2\times0.2=1.32\text{m}^3$

⑤ 砖基础：

$V=$ 外墙中心线长×墙宽×墙高

$=2.17\times4\times(0.365\times0.12+0.24\times0.5)$

$=1.42\text{m}^3$

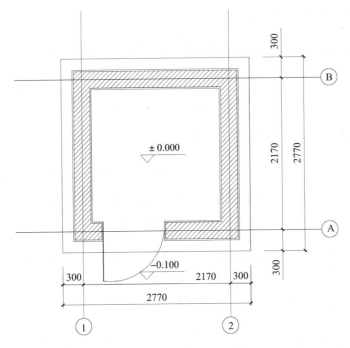

图 3-88　门卫岗亭平面图

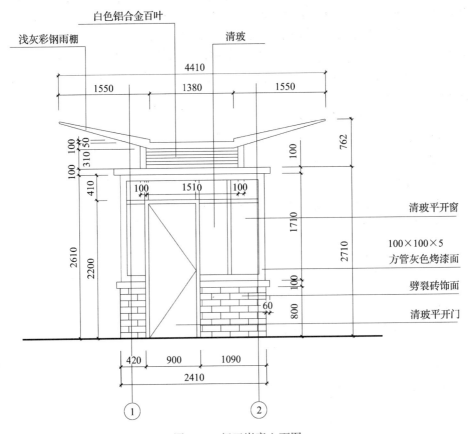

图 3-89　门卫岗亭立面图

白色铝合金百叶

浅灰彩钢雨棚

清玻

清玻平开窗

100×100×5
方管灰色烤漆面

劈裂砖饰面

清玻平开门

114

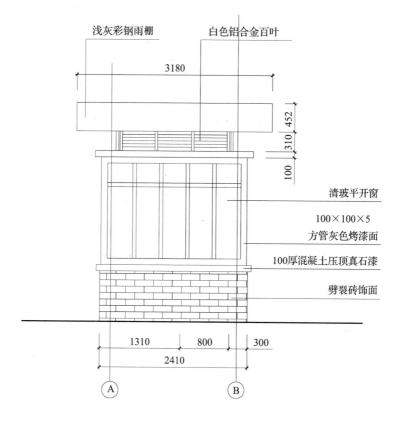

浅灰彩钢雨棚　　白色铝合金百叶

3180

452
310
100

清玻平开窗

100×100×5
方管灰色烤漆面

100厚混凝土压顶真石漆

劈裂砖饰面

1310　　800　　300

2410

Ⓐ　　　　Ⓑ

图 3-90　门卫岗亭侧立面图

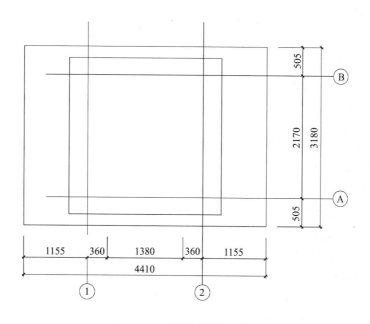

505

Ⓑ

2170　3180

Ⓐ

505

1155　360　1380　360　1155

4410

①　　　　②

图 3-91　门卫岗亭顶平面图

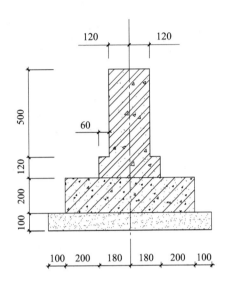

图 3-92 基础剖面图

⑥ 回填土:

$V=$ 挖土量 $\times 0.6$

$\quad=12.46 \times 0.6=7.48 \mathrm{m}^3$

⑦ 砌墙:

$V=$ 外墙中心线长 $\times$ 墙宽 $\times$ 墙高

$\quad=2.17 \times 4 \times 0.24 \times 0.83=1.73 \mathrm{m}^3$

⑧ 混凝土压顶:

$V=$ 外墙中心线长 $\times$ 压顶断面

$\quad=2.23 \times 4 \times 0.3 \times 0.1=0.27 \mathrm{m}^3$

⑨ 外檐贴劈裂砖:

$S=$ 实贴面积 $-$ 门所占面积 $+$ 门侧壁

$\quad=2.41 \times 4 \times 0.8-0.9 \times 0.8+0.12 \times 2 \times 0.8=7.18 \mathrm{m}^2$

⑩ 水泥砂浆抹压顶:

$S=$ 按实抹面积计算

$\quad=2.16 \times 4 \times 0.46=3.99 \mathrm{m}^2$

⑪ 真石漆压顶:

$S=$ 按实抹面积计算

$\quad=2.17 \times 4 \times 0.46=3.99 \mathrm{m}^2$

⑫ 方管架（$100 \times 100 \times 5$）:

重 $=$ 长 $\times$ 单位重量

$\quad=(2.41 \times 4 \times 2-0.9+1.71 \times 4+0.31 \times 4+1.51 \times 2+1.91 \times 2) \times 15.7$

$\quad=33.3 \times 15.7=522.8 \mathrm{kg}$

⑬ 塑钢平开窗:

$S=2.41\times1.71\times4-0.9\times1.3=15.31\mathrm{m}^2$

⑭ 塑钢平开门：

$S=2.2\times0.9=1.98\mathrm{m}^2$

⑮ 屋面彩钢板：

$S=2.77\times2.77=7.67\mathrm{m}^2$

⑯ 白色铝合金百叶：

$S=1.51\times2\times0.31+1.91\times0.31\times2=2.12\mathrm{m}^2$

⑰ 彩钢雨棚：

$S=$ 平面＋挑起

$=1.38\times3.18+\sqrt{(1.55)^2+(0.425)^2}\times3.18\times2$

$=14.63\mathrm{m}^2$

⑱ 内墙面抹灰：

$S=(2.17-0.12)\times4\times0.8-0.9\times0.8=5.84\mathrm{m}^2$

⑲ 地面开挖：

$V=(2.17-0.12)\times(2.17-0.12)\times0.32=1.35\mathrm{m}^3$

⑳ 地面素土夯实：

$V=(2.17-0.12)\times(2.17-0.12)\times0.15=0.63\mathrm{m}^3$

㉑ 地面3：7灰土：

$V=(2.17-0.12)\times(2.17-0.12)\times0.15=0.63\mathrm{m}^3$

㉒ 地面水泥砂浆面（带踢脚板）：

$S=(2.17-0.12)\times(2.17-0.12)=4.2\mathrm{m}^2$

（4）工程量清单计价表（表3-33）

工程量清单计价表 表3-33

序号	项目编码	项目名称	计量单位	工程数量	金额/元	
					综合单价	合价
1	053101001	平整场地	m²	5.81	2.69	15.63
2	053101002	人工挖地槽	m³	12.46	15.22	189.64
3	E.33.D	基础垫层	m³	0.83	230	190.9
4	E.33.D	混凝土基础	m³	1.32	550	726
5	053201001	砖基础	m³	1.42	202.99	288.25
6	053103001	回填土	m³	7.48	9.47	70.84
7	053202001	砌墙	m³	1.67	225.9	377.25
8	053306001	混凝土压顶	m³	0.27	260	70.2
9	053604003	外檐贴劈裂砖	m²	7.18	68	488.24
10	053603001	水泥砂浆抹压顶	m²	3.99	19.55	78.00
11	053703001	真石漆压顶	m²	3.99	58	231.42
12	050303004	方管架	T	0.523	3615.61	1890.96

序号	项目编码	项 目 名 称	计量单位	工程数量	金额/元	
					综合单价	合价
13	020406007	塑钢平开窗	m²	15.31	220	3368.2
14	020402005	塑钢平开门	m²	1.98	350	693
15	010701002	屋面彩钢板	m²	7.67	180	1380.6
16	020406009	白色铝合金百叶	m²	2.12	120	254.4
17	010701002	彩钢雨棚	m²	14.63	180	2633.4
18	053601001	内墙面抹灰	m²	5.84	11.44	66.81
19	053101002	地面开挖	m³	1.35	11.34	15.31
20	E.35.A	地面素土夯实	m³	0.63	65	40.95
21	E.35.A	地面3:7灰土	m³	0.63	112.99	71.18
22	053501001	地面水泥砂浆面(带踢脚板)	m²	4.2	14.94	62.75
		总　　计				13203.93

注：其他费用计取略。

2. 别墅

（1）与别墅相关的知识介绍

别墅既属于建筑工程的范畴，也是园林景观中的小品。在一些避暑胜地和风景游览地一般都要建造一些供人们休息和居住的别墅。这些年来，建筑风格和建筑材料的创新发展使别墅的式样和造型以及使用功能多姿多彩。下面就别墅中一些常见的构造和做法作简单介绍。

土壤分类：根据土壤的物理和化学性质的不同而进行的归纳。在建筑工程中一般采用的方法，是按土壤的坚硬程度、开挖难易来区分的。

回填土：在建筑工程中是把挖出的部分土回填回去的方法。回填土分为机械回填和人工回填，人工回填又可分为松填和夯填。

混凝土：是以水、砂子、石子、水泥等按一定比例混合在一起的一种人造石材。

条形基础：又称带形基础。是由柱下独立基础沿纵向串联而成。可将上部框架结构连成主体，从而减少上部结构的沉降差。它与独立基础相比，有较大的基础底面积，能承受较大的荷载。

独立基础：凡现浇钢筋混凝土独立柱下的基础都称为独立基础，其断面形式有阶梯形、平板形、角锥形等。

杯形基础：独立基础中心预留有安装钢筋混凝土预制柱的空洞时，则称为杯形基础，它是独立基础的一种形式。

垫层：它是承重和传递荷载的构造层，根据需要选用不同的垫层材料。垫层分为刚性和柔性两种。刚性一般用C10的混凝土材料捣成，它适用于薄而大的整体面层和块料面层。柔性垫层一般用于各种松散材料，如砂子、炉渣、碎石、灰土等加以压实而成，它一般适用于较厚的块状面层。

大放脚：在基础与垫层之间做成阶梯状的砌体，称为大放脚。设置大放脚的目的是增加基础底面的宽度，以适应地基的承载能力。

现浇混凝土：是指现场直接支模，绑扎钢筋，浇筑混凝土制成的各种构件。

预制混凝土：是指在施工现场安装之前，根据施工图纸及土建工程的相关尺寸，进行预先的下料、加工组合部件或在预制加工厂定购的各种构件。这种方法可以提高机械化程度、加快施工现场安装速度、缩短工期等。

梁：是房屋建筑及园林小品的承重构件之一，它承受作用在其上的各种构件的荷载，且能与柱等构件共同承受建筑物和其他物体的荷载，在结构工程中应用十分广泛。钢筋混凝土梁按照断面形状可以分为矩形和异形，异形梁又可是 L 形、T 形等。按其结构位置又可分为基础梁、圈梁、过梁、连续梁等。

柱：是建筑物的主要承重构件之一，它将建筑物的荷载竖向传递到梁或基础上。柱的外形可以是矩形、圆形、多边形。为增加墙体的刚度在墙体中可以浇筑混凝土构造柱。

屋面板：是指能承受屋面荷载同时起到围护作用的板。

檐口：建筑物屋顶在檐墙的顶部位置称为檐口。

找平层：是指垫层上、楼板上或是轻质材料、松散材料层之上起整平、找坡或是加强作用的构造层。一般常见的是水泥砂浆找平层和细石混凝土找平层。

白灰砂浆：是以白灰膏为胶凝材料并和水、细砂按一定比例拌合而成的。

水泥砂浆：是以水泥为胶凝材料，并和砂子、水按一定比例拌合而成的。

剁斧石：又称斩假石，是以水泥石碴浆作为抹灰面层，待其硬化具有一定强度时，用钝斧及各种凿子等工具，在其面层上剁斩出类似石材的纹理，具有粗面花岗石的效果。

刮腻子：也叫批灰，它是一种专门配制的油性灰膏。用来嵌补物体表面坑凹裂缝等缺陷以便于刷涂、裱糊。

防锈漆：是一种防止金属构件锈蚀的油漆，主要有油漆和树脂防锈漆。

乳胶漆：又称乳胶涂料，它是由合成树脂乳液借助乳化剂的作用，以极细微粒子融于水中构成乳液为主要成膜物而研磨成的涂料。它以水为稀释剂，具有无毒、无味、不易燃烧、不污染环境等特点。它既可以用作外墙涂料也可作为内墙涂料。

卷材：是指用天然的或人工合成的有机高分子化合物为基础原料，经过一定的工艺处理而制成的，且在常温常压下能够保持形状不变的柔性防水材料。一般常用的是用原纸为胎芯浸渍而成的卷材，习惯上称为油毡。

（2）别墅工程工程量清单计价的相关计算的统一规定

A. 建筑面积的计算

① 计算范围

a. 单层建筑物的建筑面积，按其外墙勒脚以上结构外围水平面积计算。

b. 多层建筑物首层按其外墙勒脚以上结构外围水平面积计算；二层及以上楼层应按其外墙结构外围水平面积计算。层高在 2.2m 及以上者应计算全面积，层高不足 2.2m 者应计算一半面积。

c. 雨棚均以其宽度超过 2.10m 或不超过 2.10m 衡量，超过 2.10m 者应按雨棚的结构板水平投影面积的一半计算。

d. 建筑物的阳台均按其水平投影面积的一半计算。

② 不计算面积的范围

a. 屋顶水箱、花架、露台、露天游泳池。

b. 勒脚、附墙柱、垛、台阶、墙面抹灰、飘窗、构件、配件。

B. 与开挖土方及回填土方相关的工程量计算的统一规定

① 挖土工程：槽底宽度在 3m 以内，且长度是宽度 3 倍以外者为地槽；槽底面积在 20m² 以内者为地坑；槽底宽度在 3m 以上，且槽底面积在 20m² 以上者为挖土方。

② 挖基础土方项目包括：排地表水，土方开挖，挡土板支拆，基底钎探，土的运输。

③ 平整场地项目包括：标高在±30cm 以内的就地挖填找平。就地的范围指人力能抛掷的距离。

④ 挖基础土方按设计图示尺寸及基础垫层底面积乘以挖土深度的天然密实体积计算。

⑤ 人工挖地槽的体积应是外墙地槽和内墙地槽总体积。槽长的计算：外墙地槽按外墙地槽的中心线计算，内墙地槽长度按内墙槽底净长度计算；槽宽按设计图示尺寸加工作面的宽度计算；槽深按自然地平至槽底深度计算。当需要放坡时，应将放坡的土方量合并于总土方量中。

⑥ 其他与开挖项目相关的工程量计算的统一规定详见花坛工程。

C. 与基础垫层相关的工程量计算的统一规定

① 混凝土基础垫层与混凝土基础的划分：混凝土厚度在 12cm 以内者为垫层，执行混凝土垫层基价子目；混凝土厚度在 12cm 以上者为基础，执行混凝土基础基价子目。

② 基础垫层项目包括：拌合，找平，分层夯实，砂浆调制，混凝土浇筑、振捣、养护；混凝土垫层还包括原土夯实。

③ 现浇混凝土其他构件按设计图示尺寸以体积计算，不扣除构件内钢筋，预埋铁件所占体积。

④ 基础垫层按设计图示尺寸以体积计算，其长度：外墙按中心线，内墙按垫层净长计算。

D. 与混凝土工程相关的工程量计算的统一规定

① 现浇混凝土基础、梁、柱、墙、板、其他构件项目包括：混凝土浇筑、振捣、养护。

② 预制混凝土梁、柱、墙、板、其他构件项目包括：混凝土浇筑、振捣、养护，构件的成品堆放。

③ 钢筋项目包括：制作，绑扎，安装。

④ 螺栓、铁件项目包括：制作，安装。

⑤ 预制混凝土构件安装项目包括：构件翻身、就位、加固、吊装、校正、垫实节点、焊接或紧固螺栓、灌缝找平。

⑥ 基础垫层项目包括：拌合、找平、分层夯实、砂浆调制、混凝土浇筑、振捣、养护；混凝土垫层还包括原土夯实。

⑦ 现浇混凝土基础项目包括：铺设垫层，混凝土制作、运输、浇筑、振捣、养护。

⑧ 现浇混凝土柱、梁、墙、板、其他构件项目包括：混凝土制作、运输、浇筑、振捣、养护。

120

⑨ 现浇混凝土散水、坡道项目包括：地基夯实，铺设垫层，混凝土制作、运输、浇筑、振捣、养护，变形缝填塞。

⑩ 现浇混凝土基础项目应注明混凝土强度等级，混凝土拌合料要求，还应注明垫层材料种类、厚度。

⑪ 现浇混凝土柱项目应注明柱高度、柱截面尺寸、混凝土强度等级、混凝土拌合料要求。

⑫ 现浇混凝土梁项目应注明梁底标高、梁截面，混凝土强度等级、混凝土拌合料要求。

⑬ 现浇混凝土墙项目应注明墙类型、墙厚度、混凝土强度等级、混凝土拌合料要求。

⑭ 现浇混凝土板项目应注明板底标高、板厚度、混凝土强度等级、混凝土拌合料要求。

⑮ 现浇筑混凝土其他构件项目应注明构件的类型、构件规格、混凝土强度等级、混凝土拌合料要求。

⑯ 现浇筑混凝土散水、坡道项目应注明面层厚度、混凝土强度等级、混凝土拌合料要求、填塞材料种类，还应注明垫层材料种类。

⑰ 预制混凝土梁项目应注明单位体积、安装高度、混凝土强度等级、砂浆强度等级。

⑱ 预制混凝土其他构件项目应注明构件的类型、单位体积、安装高度、混凝土强度等级、砂浆强度等级。

⑲ 螺栓、铁件项目应注明钢材种类、规格，螺栓长度，铁件尺寸。

⑳ 现浇混凝土带形基础、独立基础、杯形基础、满堂基础按设计图示尺寸以体积计算，不扣除构件内钢筋，预埋铁件所占体积。

㉑ 现浇混凝土构造柱按设计图示尺寸以体积计算，不扣除构件内钢筋、预埋铁件所占体积。其柱高按全高计算，嵌接墙体部分并入柱身体积。

㉒ 现浇混凝土基础梁，圈梁，过梁按设计图示尺寸以体积计算，不扣除构件内钢筋、预埋铁件所占体积，伸入墙内的梁头，梁垫并入梁的体积内。其梁长：

a. 梁与柱连接时，梁长算至柱侧面。

b. 主梁与次梁连接时，次梁长算至主梁侧面。

㉓ 现浇混凝土直形墙，弧形墙，挡土墙按设计图示尺寸以体积计算，不扣除构件内钢筋、预埋铁件所占体积，扣除门窗洞口及单个面积 $0.3m^2$ 以外的孔洞所占的体积，墙垛及突出墙面部分并入墙体积内计算。

㉔ 现浇混凝土天沟、挑檐按设计图示尺寸以体积计算。

㉕ 现浇混凝土其他构件按设计图示以体积计算，不扣除构件内钢筋、预埋铁件所占体积。

㉖ 现浇混凝土散水，按设计图示以面积计算，不扣除单个面积 $0.3m^2$ 以内的孔洞所占的面积。

㉗ 预制混凝土过梁、其他构件按设计图示尺寸以体积计算，不扣除构件内钢筋，预埋铁件所占体积。

㉘ 现浇混凝土钢筋、预制混凝土钢筋、钢筋网片按设计图示钢筋（网）长度（面积）乘以单位理论质量计算。

㉙ 螺栓、铁件按设计图示尺寸以质量计算。

㉚ 预制混凝土构件安装、运输按设计图示尺寸以立方米计算。

㉛ 预制混凝土花窗安装执行小型构件安装基价子目，其体积按设计外形面积乘以厚度，以立方米计算，不扣除空花体积。

㉜ 预制混凝土漏空花格砌筑按其外围面积以平方米计算。

㉝ 沥青砂浆嵌缝按设计图示长度，以米计算。

㉞ 基础垫层按设计图示尺寸以体积计算。其长度：外墙按中心线，内墙按垫层净长度计算。

㉟ 现浇混凝土坡道按设计图示尺寸以平方米计算。

㊱ 现浇混凝土平板、有梁板、栏板、拱板、斜屋面板按设计图示尺寸以体积计算，不扣除构件内钢筋、预埋件及单个面积在 $0.3m^2$ 以内的孔洞所占体积。有梁板按梁、板体积之和计算，各类板伸入墙内的板头并入板体积内计算。

㊲ 混凝土楼梯按设计图示尺寸以水平投影面积计算，不扣除宽度小于 500mm 的楼梯井，伸入墙内部分不计算。

㊳ 混凝土雨棚、阳台均按图示尺寸的实体积计算，嵌入墙内部分的梁按梁计算。

㊴ 混凝土水池、花池壁按设计图示尺寸以体积计算。

E. 与饰面工程相关工程量计算的统一规定

① 挂贴大理石、花岗石项目包括：刷浆，预埋铁件，选料湿水，钻孔成槽，镶贴面层及阴角、阳角，磨光、打蜡、擦缝、养护。

② 粘贴大理石、花岗石项目包括：打底刷浆，镶贴块料面层，刷胶黏剂，切割面料，磨光、打蜡、擦缝、养护。

③ 石材墙面、柱面，零星项目，园林小品，水池，花坛壁面。碎拼石材墙面、柱面，零星项目，园林小品，花坛壁面。块料墙面、柱面，零星项目，水池，花坛壁面项目包括：基层清理，砂浆制作，运输，底层抹灰，结合层铺贴，面层铺贴，镶缝，刷防护材料，磨光、酸洗、打蜡。

④ 石材墙面、柱面，零星项目，园林小品，水池，花坛壁面。碎拼石材墙面、柱面，零星项目，园林小品，花坛壁面。块料墙面、柱面，零星项目，水池，花坛壁面项目应注明墙、柱类型，底层厚度，砂浆配合比，结合层厚度，材料种类，面层品种、规格、颜色、磨光，酸洗要求。

⑤ 墙面抹灰项目包括：抹灰、找平、罩面、压光，抹门窗洞口侧壁，护角，阴阳角，装饰线等全部操作过程。还包括基层处理，砂浆制作、运输，底层抹灰，抹面层，抹装饰面等。

⑥ 墙面、零星项目抹灰项目应注明墙类型、底层厚度、砂浆配合比、面层厚度、装饰面材料种类等。

⑦ 各种抹灰基价子目配合比如与设计要求不同时，不允许换算，当主材品种不同时，可根据设计要求对主材进行补充、换算，但人工费、辅助材料费、机械费及管理费不变。

⑧ 墙面抹灰按设计尺寸以面积计算，扣除墙裙、门洞口以及单个面积在 $0.3m^2$ 以外的孔洞所占的面积，不扣除踢脚线、挂镜线和墙与构件交接处所占的面积，门洞口和孔洞的侧壁及顶面也不增加面积。附墙柱、梁、垛的侧壁并入相应的墙面面积内。

⑨ 外墙墙裙抹灰面积按其长度乘以高度以展开面积计算。门口和空圈所占面积应予扣除，侧壁并入相应项目计算。

⑩ 内墙墙面抹灰面积按主墙间的净长乘以高度计算，无墙裙的其高度按室内楼地面至顶棚底面计算；有墙裙的，其高度按墙裙顶至顶棚底面计算。

⑪ 内墙裙抹灰面按内墙净长乘以高度计算。

⑫ 外墙面抹灰，应扣除墙裙、门窗洞口和空圈所占的面积，不扣除单个面积在 $0.3m^2$ 以内的孔洞所占的面积。门窗洞口及空圈的侧壁、顶面、垛的侧面抹灰，并入相应的墙面抹灰中计算。

⑬ 顶棚抹灰按设计图示尺寸以水平投影面积计算，不扣除间壁墙、垛、柱、附墙烟囱、检查口和管道所占的面积，带梁顶棚、梁两侧抹灰面积并入顶棚面积内。

⑭ 墙面镶贴块料面层按设计图示尺寸以面积计算。

⑮ 墙面刷油漆按设计图示尺寸以展开面积计算。

⑯ 门窗按设计图示尺寸以面积计算。

⑰ 彩钢板及百叶铝材按设计图示尺寸以面积计算。

F. 与金属结构工程相关工程量计算的统一规定

① 金属构件制作项目包括：放样，钢材校正，划线下料，平直，钻孔，刨边，倒棱，煨弯，装配，焊接成品，校正，运输，堆放。

② 金属构件安装项目包括：构件加固、吊装校正、拧紧螺栓、电焊固定、构件翻身、就位、场内运输。

③ 金属构件项目包括：除锈、清扫、打磨、刷油。

④ 金属花架柱、梁项目应注明钢材品种、规格，柱、梁截面，油漆品种，刷漆遍数。

⑤ 金属构件制作是按焊接为主考虑的，对构件局部采用螺栓连接时，宜考虑在基价内部再换算，但如遇有铆接为主的构件时，应另行补充基价子目。

⑥ 金属构件基价中的油漆，一般均综合考虑了防锈漆一道，调合漆两道，如设计要求不同时，可按刷油漆项目的有关规定计算刷油漆。

⑦ 金属花架柱、梁按设计图示以重量计算。

⑧ 铝塑门窗按门窗设计图示尺寸区分不同种门窗式样以平方米计算。

⑨ 金属扶手带栏杆、栏板按设计图示尺寸以扶手中心线长度（包括弯头长度）计算。

G. 与砌墙相关的工程量清单计价的统一规定

① 砖砌体项目包括：调制、运砂浆，运、砌砖。

② 实心砖墙项目包括：砂浆制作、运输、砌砖、砖压顶砌筑、材料运输。

③ 砖基础项目包括：砂浆制作、运输、铺设垫层、砌砖、防潮层铺设、材料运输。

④ 砖基础项目应注明砖的品种、规格、强度等级、基础类型、基础深度，砂浆强度等级，还应包括垫层的材料种类和厚度。

⑤ 砖墙项目应注明砖的品种、规格、强度等级，墙体类型、墙体高度、墙体厚度，

砂浆强度、勾缝要求、配合比等。

⑥ 实心砖墙项目适用于各类实心砖墙，可分为外墙、内墙、围墙、双面混水墙、双面清水墙、单面清水墙、直形墙、弧形墙以及不同的墙厚。砌筑砂浆分水泥砂浆、混合砂浆以及不同的强度等级、不同的砖强度等。

⑦ 砖基础项目适用于墙基础、柱基础等，对基础类型应在工程量清单中进行描述。

⑧ 砌砖墙基价子目中综合考虑了除单砖墙以外不同的厚度，内墙与外墙、清水墙与混水墙的因素。

⑨ 砖基础按设计图示尺寸以体积计算。包括附墙垛基础宽出部分体积，扣除地梁（圈梁）、构造柱所占体积；不扣除基础大放脚丁字形接头处的重叠部分及嵌入基础内的钢筋、铁件、管道、基础砂浆防潮层和单个面积在 $0.3m^2$ 以内的孔洞所占体积。

⑩ 基础长度：外墙按中心线、内墙按净长计算。

⑪ 实心砖墙按设计尺寸以体积计算。扣除门窗洞口、过人洞、空圈，嵌入墙内的钢筋混凝土柱、梁、圈梁、挑梁、过梁以及凹进墙内的管道、暖气槽、消火栓所占体积。不扣除梁头、板头、檩头、垫木、木砖，砖墙内加固钢筋、木筋、铁件、钢管及单个面积在 $0.3m^2$ 以内的孔洞所占体积。凸出墙面的腰线、挑檐、压顶、窗台线、门窗套的体积也不增加。凸出墙面的砖垛并入墙体体积内计算。

⑫ 砖墙长度：外墙按中心线、内墙按净长线。

⑬ 砖墙高度：外墙坡屋面无檐口顶棚者算至屋面板底；有屋架且室内外均有顶棚者算至屋架下弦底另加 200mm；无顶棚者算至屋架下弦底另加 300mm；出檐宽度超过 600mm 时按实砌高度计算；平屋面算至钢筋混凝土板底。内墙位于屋架下弦者算至屋架下弦底；无屋架者算至顶棚底另加 100mm；有钢筋混凝土楼板隔层者算至楼板顶；有框架梁时算至梁底。女儿墙从屋面板上表面算至女儿墙顶面。内外山墙按其平均高度计算。

⑭ 实心砖柱，零星砌体按设计图示尺寸以体积计算。扣除混凝土及钢筋混凝土梁垫、梁头、板头所占体积。

⑮ 基础砂浆防潮层按设计图示尺寸以面积计算。

⑯ 砖柱不分柱身和柱基。其工程量合并计算。套用砖柱基价子目执行。

⑰ 砖地沟按设计图示尺寸以实体积计算。

⑱ 标准砖厚度按表 3-34 计算。

标准砖厚度计算表 表 3-34

墙　　厚	1/4	1/2	3/4	1	3/2	2
计算厚度/mm	53	115	180	240	365	490

H. 与地面相关的工程量清单计价的统一规定

① 水泥砂浆地面项目包括：抹灰，压光。

② 水磨石地面项目包括：刷素水泥砂浆打底，嵌条，抹面，补砂眼，磨光，抛光，清洗，打蜡。

③ 细石混凝土地面项目包括：刷浆，振捣，养护。

④ 水泥豆石浆地面项目包括：刷浆，抹面。

⑤ 大理石、花岗石地面项目包括：试排弹线，刷素水泥砂浆及成品保护，锯板磨边，铺贴饰面，擦缝，清理净面。

⑥ 陶瓷地砖、缸砖、水泥花砖、马赛克地面项目包括：试排弹线，刷素水泥砂浆，锯板磨边，铺贴饰面，擦缝，清理净面。

⑦ 凹凸假麻石块地面项目包括：试排弹线，刷素水泥砂浆，锯板磨边，铺贴饰面，擦缝，清理净面。

⑧ 橡胶板、塑料板、塑料卷材地面项目包括：刮腻子，涂刷胶黏剂，铺贴面层，清理净面。

⑨ 硬木板地面项目包括：刷胶，铺贴面层，打磨净面，龙骨，毛地板制作、安装，刷防腐剂。

⑩ 水泥砂浆踢脚线项目包括：抹灰，压光。

⑪ 石材踢脚线、块料踢脚线项目包括：试排弹线，刷素水泥砂浆及成品保护，锯板磨边，铺贴饰面，擦缝，清理净面。

⑫ 金属扶手带栏杆、栏板项目包括：放样，下料，铆接，焊接，玻璃安装，打磨抛光。

⑬ 金属靠墙扶手项目包括：制作、安装、支托、煨弯、打洞堵混凝土。

⑭ 石材台阶面、块料台阶面项目包括：试排弹线，刷素水泥砂浆，锯板磨边，铺贴饰面，擦缝，清理净面。

⑮ 水泥砂浆台阶面项目包括：抹面，找平，压实，养护。

⑯ 剁假石台阶面项目包括：抹面，找平，压实，剁面，养护。

⑰ 石材零星项目，碎拼石材零星项目，块料零星项目包括：试排弹线，刷素水泥砂浆，锯板磨边，铺贴饰面，擦缝，清理净面。

⑱ 地面垫层项目包括：铺设垫层，拌合，找平，夯实，调制砂浆及灌缝，混凝土浇筑、捣振、养护，炉渣混合物铺设拍实；混凝土垫层还包括原土夯实。

⑲ 编制工程量清单时，各清单项目应包括以下工程内容：

a. 水泥砂浆地面项目包括：基层清理，垫层铺设，抹找平层，防水层铺设，抹面层，材料运输。

b. 现浇水磨石地面项目包括：基层清理，垫层铺设，抹找平层，防水层铺设，面层铺设，嵌缝条安装，磨光，酸洗，打蜡，材料运输。

c. 细石混凝土地面项目包括：基层清理，垫层铺设，抹找平层，防水层铺设，面层铺设，材料运输。

d. 水泥豆石浆地面项目包括：基层清理，垫层铺设，抹找平层，防水层铺设，抹面层，材料运输。

e. 石材地面，块料地面项目包括：基层清理，垫层铺设，抹找平层，防水层铺设，填充层、面层铺设，嵌缝，刷防护材料，酸洗，打蜡，材料运输。

f. 橡胶板地面，塑料板地面，塑料环材地面项目包括：石材地面，块料地面项目包括：基层清理，抹找平层、填充层，面层铺设，压缝条安装钉，材料运输。

g. 硬木板地面项目包括：基层清理，抹找平层，铺设填充层，龙骨铺设，铺设基层，面层铺贴，刷防护材料，材料运输。

h. 水泥砂浆踢脚线，石材踢脚线，块料踢脚线项目包括：基层清理，底层抹灰，面层铺贴，刷防护材料，材料运输。

i. 金属扶手带栏杆、栏板，金属靠墙扶手项目包括：制作，运输，安装，刷防护材料，刷油漆。

j. 石材台阶面，块料台阶面项目包括：基层清理，底层抹灰，面层铺贴，勾缝，刷防护材料，材料运输。

k. 水泥砂浆台阶面项目包括：基层清理，底层抹灰，抹面层，抹防滑条，材料运输。

l. 剁假石台阶面项目包括：基层清理，铺设垫层，抹找平层，抹面层，剁假石，材料运输。

m. 石材零星项目，碎拼大理石零星项目，块料零星项目包括：基层清理，抹找平层，面层铺贴，勾缝，刷防护材料，酸洗，打蜡，材料运输。

⑳ 水泥砂浆地面项目应注明垫层材料种类，厚度，找平层厚度，砂浆配合比，防水层厚度，材料种类，面层厚度，砂浆配合比。

㉑ 现浇水磨石地面项目应注明垫层材料种类、厚度，找平层厚度，砂浆配合比，防水层厚度，材料种类，面层厚度，水泥石子浆配合比，嵌条材料种类、规格，石子种类、规格、颜色种类，颜色，图案要求，磨光、酸洗、打蜡要求。

㉒ 细石混凝土地面项目应注明垫层材料种类、厚度、找平层厚度，砂浆配合比，防水层厚度，材料种类，面层厚度，混凝土强度等级。

㉓ 石材地面，块料地面项目应注明垫层材料种类、厚度、找平层厚度，砂浆配合比，防水层材料种类，填充材料种类、厚度，结合层厚度，砂浆配合比，面层材料品种、规格、品牌、颜色，嵌缝材料种类，防护层材料种类，酸洗，打蜡要求。

㉔ 橡胶板地面，塑料板地面，塑料卷材地面项目应注明找平层厚度，砂浆配合比，填充材料种类、厚度，黏结层厚度，材料种类，面层材料品种、规格、品牌、颜色、压线条种类。

㉕ 硬木地面项目应注明找平层厚度，砂浆配合比，填充材料种类、厚度，龙骨材料种类、规格，铺设间距，基层材料种类、规格，面层材料品种、规格、品牌、颜色，黏结材料种类，防护层材料种类，油漆品种，刷漆遍数。

㉖ 水泥砂浆踢脚线项目应注明踢脚线的高度，底层厚度，砂浆配合比，面层厚度。

㉗ 石材踢脚线、块料踢脚线项目应注明踢脚线的高度，底层厚度，砂浆配合比，黏结层厚度，材料种类，面层材料品种、规格、品牌、颜色，勾缝材料种类，防护材料种类。

㉘ 金属扶手带栏杆、栏板项目应注明扶手材料的种类、规格、品牌、颜色，栏板材料的种类、规格、品牌、颜色，固定配件的种类，防护材料的种类，油漆品种，刷漆遍数。

㉙ 金属靠墙扶手项目应注明扶手材料的种类、规格、品牌、颜色。固定配件的种类，防护材料的种类，油漆品种，刷漆遍数。

㉚ 石材台阶面，块料台阶面项目应注明垫层材料的种类，厚度，找平层的厚度，砂浆配合比，黏结层材料种类，面层材料品种、规格、品牌、颜色，勾缝材料种类，防滑条

材料种类，规格，防护材料种类。

㉛ 水泥砂浆台阶面应注明垫层材料的种类，厚度，找平层的厚度，砂浆配合比，黏结层材料种类，面层材料厚度，砂浆配合比，防滑条材料种类。

㉜ 剁假石台阶面项目应注明垫层材料的种类，厚度，找平层的厚度，砂浆配合比，黏结层材料种类，面层材料厚度，砂浆配合比，剁假石要求。

㉝ 石材零星项目，碎拼石材零星项目，块料零星项目应注明工程部位，找平层的厚度，砂浆配合比，黏结层厚度，材料种类，面层材料品种、规格、品牌、颜色，勾缝材料种类，防护材料种类，酸洗，打蜡要求。

㉞ 地面工程工程量计算规则：

a. 整体面层、块料面层按设计图示尺寸以面积计算，扣除凸出地面构筑物、设备基础、室内铁道、地沟所占的面积，不扣除间壁和 $0.3m^2$ 以内的柱、垛、附墙烟囱及孔洞所占的面积。门洞、空圈、暖气包槽的开口部分不增加面积。

b. 橡、塑、木地板按设计图示尺寸以面积计算。

c. 水泥砂浆踢脚线按设计图示尺寸以平方米计算。

d. 块料面层踢脚线按设计图示长度乘以高度，以面积计算。

e. 扶手、栏杆、栏板装饰按设计图示尺寸以扶手中心线的长度（包括弯头的长度）计算。

f. 台阶装饰按设计图示尺寸以台阶（包括最上层踏步边沿加 300mm）水平投影面积计算。

g. 零星装饰项目按设计图示尺寸以面积计算。

h. 地面垫层面积同地面面积，应扣除沟道所占面积，乘以垫层厚度，以立方米计算。

i. 地面嵌金属分割条按设计图示尺寸以米计算。

j. 台阶踏步防滑条按踏步两端距离减 30cm，以米计算。

I. 与屋面工程相关的工程量清单计价的统一规定

① 屋面纸胎油毡防水，屋面玻璃布油毡防水项目包括：清扫底层，刷冷底子油一道，熬制沥青，铺卷材，撒豆粒石，屋面浇水试验。

② 屋面改性沥青卷材防水项目包括：清扫底层，刷冷底子油一道，喷灯热熔，粘贴卷材。

③ 屋面聚氨酯涂膜防水项目包括：清扫底层，涂聚氨酯底胶，刷聚氨酯防水层两遍，撒石粉保护层。

④ 屋面刚性防水项目包括：清理基层，调制砂浆，抹灰，养护。

⑤ 屋面、地面找平层项目包括：清理基层，调制砂浆，抹水泥砂浆，混凝土浇筑、振捣、养护。

⑥ 瓦屋面项目包括：檩条、椽子安装，基层铺设，铺设防水层，安顺水条和挂瓦条，铺瓦，刷防护材料。

⑦ 屋面卷材防水项目包括：基层处理，抹找平层，刷底油，铺油毡卷材、接缝、嵌缝，铺保护层。

⑧ 屋面涂膜防水项目包括：基层处理，抹找平层，涂防水层，铺保护层。

⑨ 屋面刚性防水项目包括：基层处理，混凝土制作，运输，铺筑，养护。

⑩ 水泥瓦、黏土瓦的规格与基价不同时，除瓦的数量可以换算外，其他工、料均不得调整。

⑪ 卷材屋面不分屋面形式，如平屋面、锯齿形屋面、弧形屋面等，均执行同一子目。刷冷底子油一遍已综合在基价内，不另计算。

⑫ 卷材屋面子目中已考虑了浇水试验的人工和用水量。对弯起的圆角增加的混凝土及砂浆，用量中已考虑，不另计算。

⑬ 瓦屋面按设计图示尺寸以斜面积计算，不扣除房上烟囱、风帽底座、风道、小气窗、斜沟等所占面积，小气窗的出檐部分不增加面积。

⑭ 屋面卷材防水、屋面涂膜防水按设计图示尺寸以面积计算。

a. 斜屋顶（不包括平屋顶找坡）按斜面积计算，平屋顶按水平投影面积计算。

b. 不扣除房上烟囱、风帽底座、风道、屋面小气窗和斜沟所占面积。

c. 屋面的女儿墙、伸缩缝和天窗等处的弯起部分，并入屋面工程量内。

⑮ 屋面刚性防水按设计图示尺寸以面积计算，不扣除房上烟囱、风帽底座、风道等所占面积。

⑯ 屋面抹水泥砂浆找平层的工程量与卷材屋面相同。

⑰ 找平层的工程量均按平方米计算。

⑱ 瓦屋面的出线、披水、梢头抹灰、脊瓦加腮等工、料均已综合在基价内，不另计算。

⑲ 屋面卷材防水、屋面涂膜防水的女儿墙、伸缩缝和天窗等处的弯起部分，如设计图纸未注明尺寸，其女儿墙、伸缩缝可按 25cm，天窗处可按 50cm 计算。局部增加层数时，另计增加部分，套用每增减一毡一油基价。

⑳ 屋面卷材防水的附加层、接缝、收头，找平层的嵌缝、冷底子油已计入内，不另计算。

㉑ 屋面排水管按设计图示尺寸以长度计算。如设计未标注尺寸，以檐口至设计室外散水上表面垂直距离计算。

J. 与脚手架工程相关的工程量清单计价的统一规定

① 砌筑脚手架，是按墙的长度乘墙的高度以面积计算。独立砖石柱高度在 3.6m 以内时，以柱结构周长乘以柱高计算，独立柱高在 3.6m 以上时，以柱结构周长加 3.6m 乘以柱高计算。凡砌筑高度在 1.5m 及以上的砌体，应计算脚手架。

② 抹灰脚手架，计算规定同砌筑脚手架。

③ 亭脚手架以座计算，按设计图示数量计算。

④ 堆砌（塑）假山脚手架，按外围水平投影最大矩形面积计算。

⑤ 桥身脚手架，按桥基础底面至桥面平均高度乘以河道两侧宽度以面积计算。

K. 与模板工程相关的工程量清单计价的统一规定

① 现浇混凝土垫层，现浇混凝土路面，现浇混凝土路牙、树池围牙，现浇混凝土花架柱，现浇混凝土花架梁，现浇混凝土花池，均按混凝土与模板的接触面积计算。

② 现浇混凝土桌凳，以立方米计量按设计图示混凝土体积计算。以个计量，按设计图示数量计算。

（3）某别墅施工图（图 3-93～图 3-100）

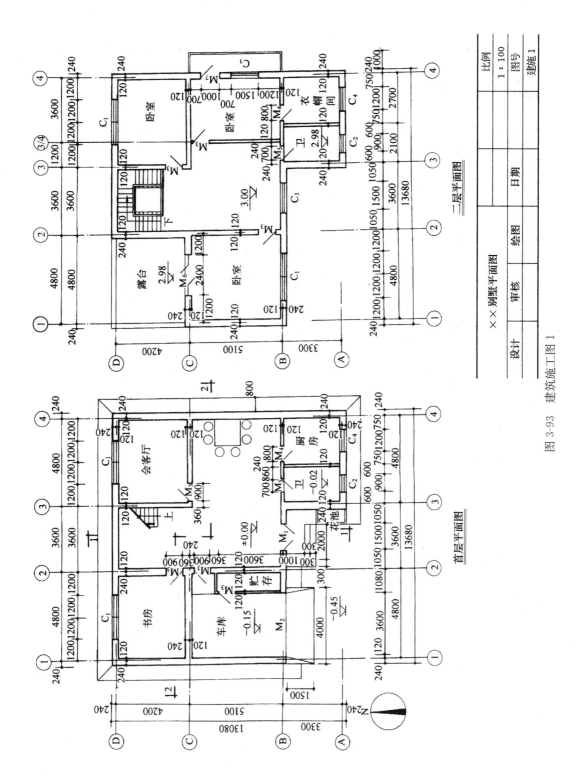

二层平面图

首层平面图

图 3-93　建筑施工图 1

××别墅平面图			比例	1：100
设计	审核	绘图	图号	建施 1
		日期		

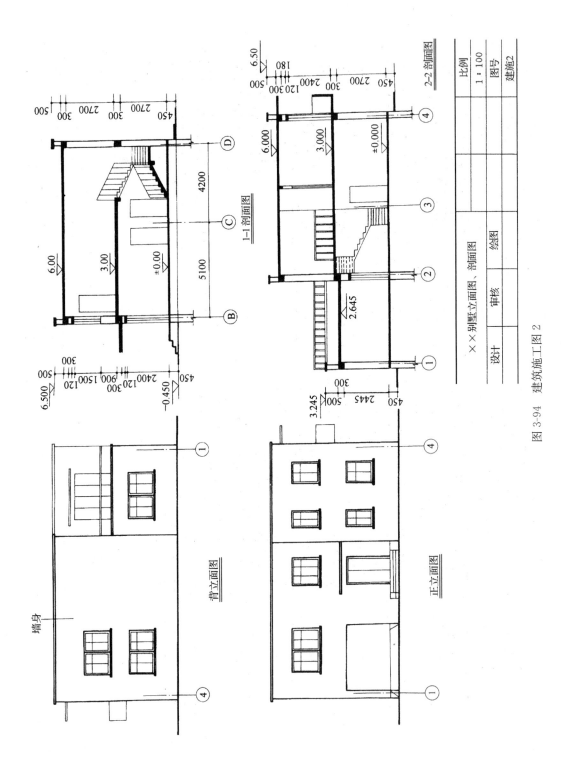

图 3-94 建筑施工图 2

			比例	1:100
			图号	
××别墅立面图、剖面图				建施2
设计		审核	绘图	

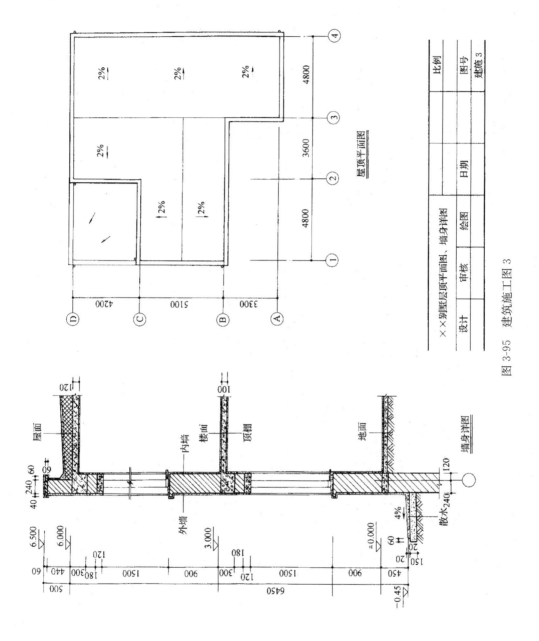

图 3-95　建筑施工图 3

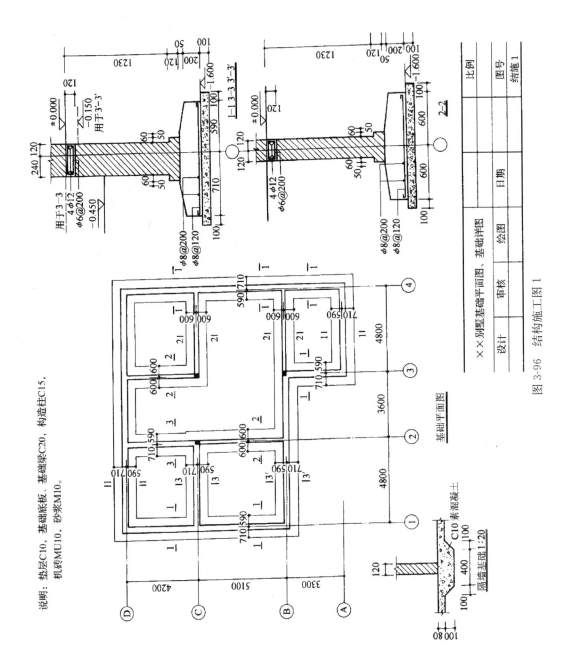

说明：垫层C10，基础底板、基础梁C20，构造柱C15，机砖MU10，砂浆M10。

基础平面图

图 3-96　结构施工图 1

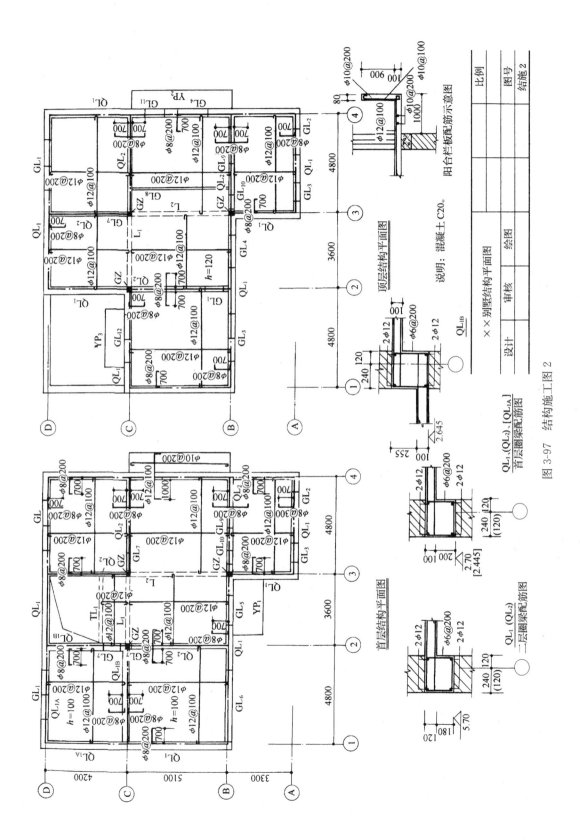

图 3-97　结构施工图图 2

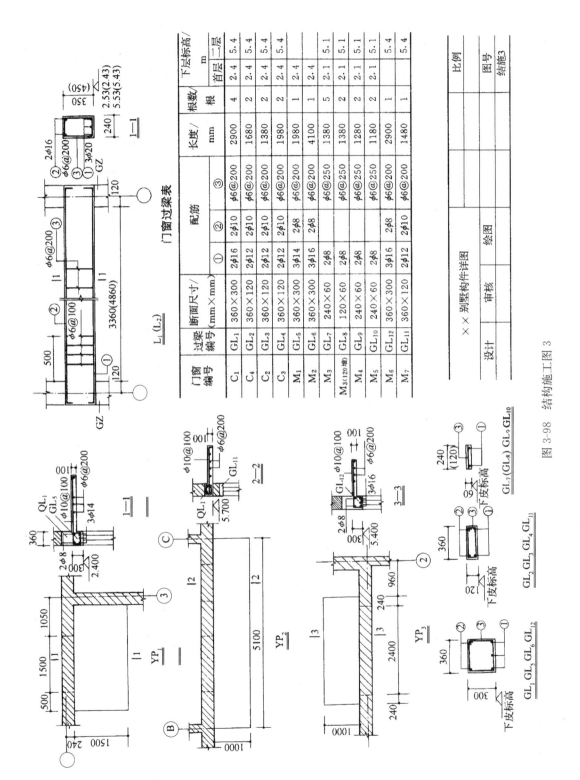

门窗过梁表

门窗编号	过梁编号	断面尺寸/(mm×mm)	配筋 ①	配筋 ②	配筋 ③	长度/mm	根数/根	下层标高/m 首层	下层标高/m 二层
C₁	GL₁	360×300	2φ16	2φ10	φ6@200	2900	4	2.4	5.4
C₄	GL₂	360×120	2φ12	2φ10	φ6@200	1680	2	2.4	5.4
C₂	GL₃	360×120	2φ12	2φ10	φ6@200	1380	2	2.4	5.4
C₃	GL₄	360×120	2φ12	2φ10	φ6@200	1980	2	2.4	5.4
M₁	GL₅	360×300	3φ14	2φ8	φ6@200	1980	1	2.4	
M₂	GL₆	360×300	3φ16	2φ8	φ6@200	4100	1	2.4	
M₃	GL₇	240×60	2φ8		φ6@250	1380	5	2.1	5.1
M₃(120墙)	GL₈	120×60	2φ8		φ6@250	1380	2	2.1	5.1
M₄	GL₉	240×60	2φ8		φ6@250	1280	2	2.1	5.1
M₅	GL₁₀	240×60	2φ8		φ6@250	1180	2	2.1	5.1
M₆	GL₁₂	360×300	3φ16	2φ8	φ6@200	2900	1		5.4
M₇	GL₁₁	360×120	2φ12	2φ10	φ6@200	1480	1		5.4

××别墅构件详图

设计		审核		绘图		比例	
						图号	结施3

图 3-98　结构施工图 3

134

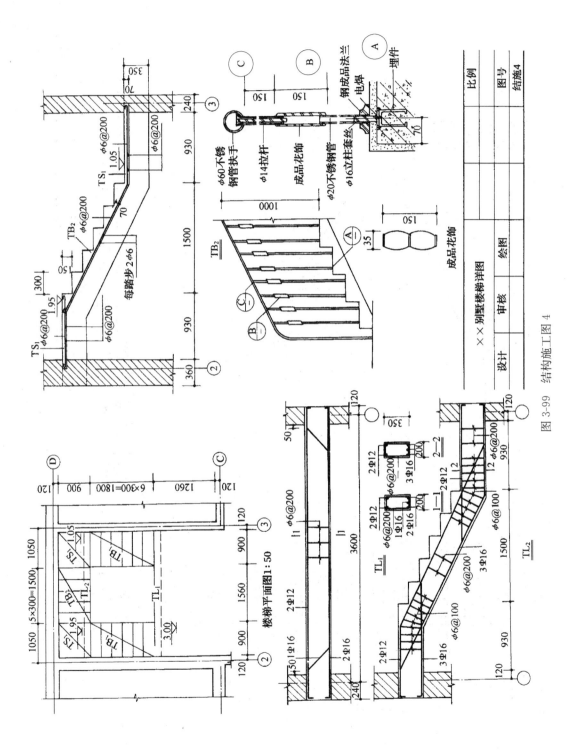

图 3-99

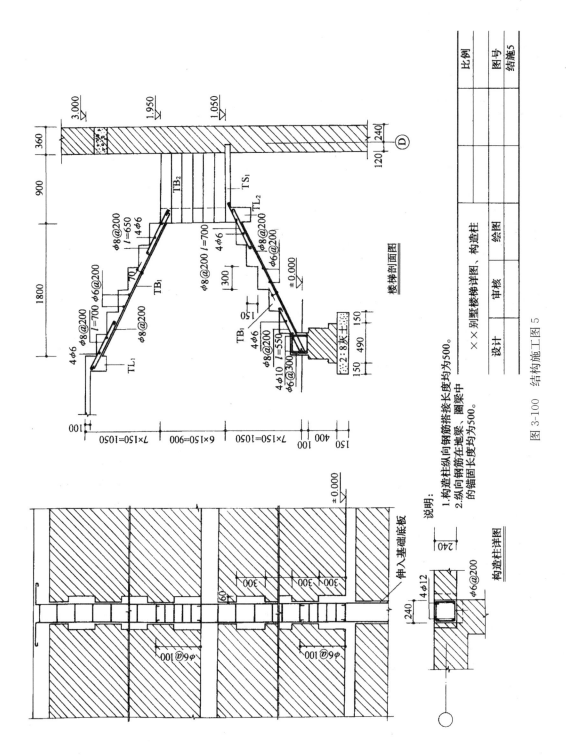

楼梯剖面图

构造柱详图

说明:
1. 构造柱纵向钢筋搭接长度均为500。
2. 纵向钢筋在在地梁、圈梁中的锚固长度均为500。

×× 别墅楼梯详图、构造柱

设计		审核		绘图		比例	
						图号	结施5

图 3-100 结构施工图 5

某别墅工程做法

A. 室外混凝土散水

5 厚 C10 混凝土 1：1 水泥砂子压实赶光

150 厚混凝土夯实向外坡 4％

B. 室内地面做法

① 彩色水磨石地面（用于大堂、客厅、书房）：

a. 10 厚 1：1.25 水泥磨石地面

b. 素水泥浆结合层一道

c. 20 厚 1：3 水泥砂浆找平层干后卧玻璃条分格

d. 50 厚 C10 混凝土

e. 100 厚 3：7 灰土

f. 素土夯实

② 铺地砖地面（用于卫生间、厨房）：

a. 8 厚铺地砖地面干水泥擦缝

b. 撒素水泥面

c. 20 厚 1：4 干硬性水泥砂浆结合层

d. 素水泥浆结合层一道

e. 60 厚（最高处）1：2：4 细石混凝土从门口处向地漏，不小于 30 厚。

f. 40 厚 1：2：4 细石混凝土随打随抹平

g. 100 厚 3：7 灰土

h. 素土夯实

③ 水泥地面（用于车库、存储室）：

a. 200 厚 1：2.5 水泥砂浆抹面压实赶光

b. 素水泥浆结合层一道

c. 50 厚 C10 混凝土

d. 100 厚 3：7 灰土

e. 素土夯实

C. 室内台阶 3：7 灰土一步，素混凝土台阶 150 高

D. 室外台阶 3：7 灰土一步，C20 混凝土基础 200mm 厚砖砌台阶 1：2.5 水泥砂浆抹面

E. 室外坡道 3：7 灰土一步，混凝土坡道

F. 室内楼面做法

① 彩色水磨石楼面（用于走道、楼梯）：

a. 10 厚 1：1.25 水泥磨石地面

b. 素水泥浆结合层一道

c. 20 厚 1：3 水泥砂浆找平层干后卧玻璃条分格

d. 混凝土楼板

e. 水磨石踢脚板高 150

② 铺地砖楼面（用于卫生间、衣帽屋）：

a．8厚铺地砖楼面

b．素水泥面

c．40厚（最高处）1∶4干硬性水泥浆向出水口找泛水

d．最低处不小于20厚

e．素水泥浆结合层一道

f．混凝土楼板

③ 水泥楼面（用于铺地毯的卧室）：

a．带踢脚板高150

b．20厚1∶2.5水泥砂浆抹面压实赶光

c．素水泥砂浆结合层一道

d．混凝土楼板

G．墙面做法

① 内墙1（用于一般室内抹灰）：

a．喷内墙涂料

b．2厚纸筋灰罩面

c．8厚1∶3∶9水泥石灰膏砂浆打底

d．刷素水泥砂浆结合层一道

② 内墙2（用于卫生间、厨房等，且做到顶）：

a．白水泥擦缝

b．贴釉面砖

c．8厚1∶0.1∶2.5石泥石灰膏浆结合层

d．12厚1∶3水泥砂浆打底扫毛或划出纹道

③ 外墙做法：

a．喷黄色涂料面层

b．6厚1∶2.5水泥砂浆罩面

c．12厚1∶3水泥砂浆打底扫毛或划出纹道

H．屋面做法

① 上人屋面（用于露台）：

a．10厚铺地砖面，干水泥擦缝，每3m×6m留10宽缝，填1∶3砂浆

b．撒素水泥面

c．水泥防水砂浆结合层

d．二毡三油防水层

e．20厚1∶2.5水泥砂浆找平

f．干铺加气混凝土块保温层，表面平整扫净均厚200

② 不上人屋面：

a．绿豆砂保护层面

b．二毡三油防水层

c．20厚1∶2.5水泥砂浆找平

d．1∶6水泥焦渣200厚（均厚）。找2%坡度，振捣密实，表面抹光

e. 混凝土现浇板

I. 木门、铝合金门窗（表 3-35）

门 窗 表

表 3-35

门窗编号	洞口尺寸/mm		数 量			备 注
	宽	高	一层	二层	共计	
C1	2400	1500	2	2	4	铝合金组合窗
C2	900	1500	1	1	2	铝合金窗
C3	1500	1500		2	2	铝合金窗
C4	1200	1500	1	1	2	铝合金窗
M_1	1500	2400	1		1	双扇外开木门
M_2	3600	2400	1		1	铝合金卷帘门
M_3	900	2100	4	3	7	单扇木门
M_4	800	2100	1	1	2	单扇半玻门
M_5	700	2100	1	1	2	单扇木门
M_6	2400	2400		1	1	四扇铝合金弹簧门
M_7	1000	2400		1	1	铝合金单扇门

注：本做法只作计算工程量用，不作生项定额编制。

J. 楼梯面层为水磨石面层嵌玻璃防滑条

K. 1:2.5 水泥砂浆抹雨棚、外刷涂料

L. 露台钢管栏杆、不锈钢扶手

（4）工程量计算（图 3-90～图 3-97）

① 建筑面积：

a. 首层建筑面积 $S=13.68\times13.08-(4.8+3.6)\times3.3=178.93-27.72=151.214m^2$

b. 二层建筑面积 $S=13.68\times13.08-(4.8+3.6)\times3.3-4.8\times4.2+1/2\times1\times5.1$
$$=178.93-47.88+2.55=133.60m^2$$

$S_总=151.214+133.60=284.81m^2$

② 平整场地：$S_总=13.68\times13.08-(4.8+3.6)\times3.3=178.93-27.72=151.21m^2$

③ 挖槽工程量：

a. 外墙　中心线长 $=(4.8+3.6+4.8+0.06\times2+3.3+5.1+4.2+0.06\times2)\times2$
$$=52.08m$$
$$高=1.7-0.45=1.25m$$
$$宽=1.3+0.1\times2+0.3\times2=2.1m$$
$$V_外=1.25\times2.1\times52.08=136.71m^3$$

b. 内墙

2—2 净长 $=5.1-0.59\times2-0.1\times2-0.3\times2+4.2-0.59+0.6+4.8-0.59\times2-0.1$
$$\times2-0.3\times2+4.8-0.6-0.59-0.1\times2-0.3\times2=3.12+4.21+2.82$$
$$+2.81=12.96m$$

2—2 断面宽 $=1.2+0.1\times2+0.3\times2=2.0m$

高＝1.7－0.45＝1.25m

3－3 净长＝4.2－0.71－0.59－0.1×2－0.3×2＋4.8－0.59＋0.6＝2.1＋4.81

＝6.91m

3－3 断面宽＝1.3＋0.1×2＋0.3×2＝2.1m

高＝1.7－0.45＝1.25m

$V_内＝V_{2-2}＋V_{3-3}＝1.25×2.0×12.96＋1.25×2.1×6.91＝32.4＋18.14＝50.54m^3$

$V_总＝V_外＋V_内＝136.71＋50.54＝187.25m^3$

④ 回填土：$V＝187.25×60\%＝112.35m^3$

⑤ 槽底钎探：

a. 外墙　长＝52.08m

宽＝1.3＋0.1×2＋0.3×2＝2.1m

$S_外＝2.1×52.08＝109.37m^2$

b. 内墙　2－2 断面宽＝1.2＋0.1×2＋0.3×2＝2.0m

3－3 断面宽＝1.3＋0.1×2＋0.3×2＝2.1m

2－2 净长＝5.1－0.59×2－0.1×2－0.3×2＋4.2－0.59＋0.6＋4.8－0.59×2－0.1

×2－0.3×2＋4.8－0.6－0.59－0.1×2－0.3×2＝12.96m

3－3 净长＝4.2－0.71－0.59－0.1×2－0.3×2＋4.8－0.59＋0.6＝6.91m

$S_{2-2}＝2.0×12.96＝25.92m^2$

$S_{3-3}＝2.1×6.91＝14.51m^2$

$S_内＝25.92＋14.51＝40.43m^2$

$S_总＝S_外＋S_内＝109.37＋40.43＝149.80m^2$

⑥ 混凝土基础垫层：

a. 外墙　长＝52.08m

宽＝1.3＋0.1×2＝1.5m

厚＝0.1m

$V_外＝52.08×1.5×0.1＝7.812m^3$

b. 内墙　3－3、3′－3′净长＝4.2－0.59－0.71－0.1×2＋4.8－0.59＋0.6＝7.51m

2－2 净长＝5.1－0.59×2－0.1×2＋4.2－0.59＋0.6＋4.8－0.59×2－0.1×2＋4.8

－0.6－0.59－0.1×2＝14.76m

2－2 断面宽＝1.2＋0.1×2＝1.4m

3－3 断面宽＝1.3＋0.1×2＝1.5m

厚＝0.1m

$V_内＝7.51×1.5×0.1＋14.76×1.4×0.1＝3.193m$

$V_总＝V_外＋V_内＝7.812＋3.193＝11.01m^3$

⑦ 钢筋混凝土基础：

a. 外墙　长＝52.08m

宽＝1.3m

厚＝0.25m

$V_外＝52.08×1.3×0.25＝16.93m^3$

b. 内墙 $2-2$ 净长$=5.1-0.59×2+4.2-0.59+0.6+4.8-0.59×2+4.8-0.6-0.59$
$=15.36m$

$3-3$ 净长$=4.2-0.59-0.71+4.8-0.59+0.6=7.71m$

$2-2$ 断面宽$=1.2m$

$3-3$ 断面宽$=1.3m$

$V_内=15.36×1.2×0.25+7.71×1.3×0.25=7.11m^3$

$V_总=V_外+V_内=16.93+7.11=24.04m^3$

⑧ 砖基础：

a. 外墙 $1-1$ 长$=52.08-3.6=48.48m$

宽$=0.365m$

高$=1.23m$

$3'-3'$长$=3.6m$（车库门处）

宽$=0.365m$

高$=1.23-0.15=1.08m$

$V_外=48.48×0.365×1.23+48.48×0.007875×2+3.6×0.365×1.08+3.6$
$×0.007875×2=21.765+0.764+1.419+0.057=24.005m^3$

b. 内墙 $2-2$ 净长$=5.1-0.12×2+4.2-0.12+0.12+4.8-0.12×2+4.8-0.12×$
$2=18.18m$

宽$=0.24m$

$3-3$ 净长$=4.2-0.12-0.24+4.8-0.12+0.12=8.64m$

宽$=0.365m$

高$=1.23m$

$V=18.18×0.24×1.23+18.18×0.007875×2+8.64×1.23×0.365+8.64$
$×0.007875$（大放脚断面）$×2$
$=5.367+0.286+3.879+0.136=9.668$

扣除构造柱体积$=0.24×0.24×1.23×3=0.21m^3$

$V_内=9.668-0.21=9.458m^3$

$V_总=24.005+9.458=33.46m^3$

⑨ 钢筋混凝土地圈梁：

a. 外墙 $1-1$、$4-4$ 长$=52.08m$

宽$=0.36m$

厚$=0.12m$

$V_外=52.08×0.36×0.12=2.25m^3$

b. 内墙 $2-2$、净长$=5.1-0.12×2+4.2-0.12+0.12+4.8-0.12×2+4.8$
$-0.12×2=18.18m$

宽$=0.24m$

$3-3$ 净长$=4.2-0.12-0.24+4.8-0.12+0.12=8.64m$

宽$=0.36m$

厚$=0.12m$

$V_内=18.18\times0.24\times0.12+8.64\times0.36\times0.12=0.524+0.373=0.897m^3$

$V_总=V_外+V_内=2.25+0.897=3.15m^3$

⑩ 砌墙工程量：（计算到楼板上表面，扣减的圈梁、过梁、门窗）

a. 外墙（因书房处标高低故分段计算）

（a）首层Ⅰ．长=52.08－4.8+4.2－0.24－0.12＝43.44m

宽＝0.365m

高＝3m

Ⅱ．长＝4.8+4.2－0.24－0.12＝8.64m

宽＝0.365m

高＝2.745m

$V=43.44\times0.365\times3+8.64\times0.365\times2.745=47.567+8.657=56.224m^3$

女儿墙　长=(4.2+0.24－0.24)+(4.2－0.24)=8.76m

宽＝0.24m

高＝0.44m

$V=8.76\times0.24\times0.44=0.925m^3$

（b）二层　长=52.08m

宽＝0.365m

高＝3m

$V=52.08\times0.35\times3=57.028m^3$

女儿墙　长=52.08+0.06×8=52.56m

宽＝0.24m

高＝0.44m

$V=52.56\times0.24\times0.44=5.550m^3$

应扣除：

门窗洞口

$V_{C1}=2.4\times1.5\times0.365\times4=5.256m^3$

$V_{C2}=0.9\times1.5\times0.365\times2=0.986m^3$

$V_{C3}=1.5\times1.5\times0.365\times2=1.643m^3$

$V_{C4}=1.2\times1.5\times0.365\times2=1.314m^3$

$V_{M1}=1.5\times2.4\times0.365=1.314m^3$

$V_{M2}=3.6\times(2.4-0.15)\times0.365=2.956m^3$（车库处标高低）

$V_{M6}=2.4\times2.4\times0.365=2.102m^3$

$V_{M7}=1\times2.4\times0.365=0.876m^3$

圈梁、过梁

$V_{QL1}=52.08\times0.3\times0.36\times2=11.25m^3$

$V_{GL1}=0.36\times0.3\times2.9\times4=1.253m^3$

$V_{GL2}=0.36\times0.12\times1.68\times2=0.145m^3$

$V_{GL3}=0.36\times0.12\times1.38\times2=0.119m^3$

$V_{GL4}=0.36\times0.12\times1.98\times2=0.171m^3$

$V_{\mathrm{GL5}} = 0.36 \times 0.3 \times 1.98 = 0.214 \mathrm{m}^3$

$V_{\mathrm{GL6}} = 0.36 \times 0.3 \times 4.1 = 0.443 \mathrm{m}^3$

$V_{\mathrm{GL11}} = 0.36 \times 0.12 \times 1.48 = 0.064 \mathrm{m}^3$

$V_{\mathrm{GL12}} = 0.36 \times 0.3 \times 2.9 = 0.313 \mathrm{m}^3$

$V = 56.224 + 0.925 + 57.028 + 5.550 - 5.256 - 0.986 - 1.643 - 1.314 - 1.314 - 2.956$
$\quad - 2.102 - 0.876 - 11.25 - 1.253 - 0.145 - 0.119 - 0.171 - 0.214 - 0.443 - 0.313$
$\quad - 0.064 = 89.308 \mathrm{m}^3$

b. 内墙

（*a*）首层 2—2、净长 $= 5.1 - 0.12 \times 2 + 4.2 - 0.12 + 0.12 + 4.8 - 0.12 \times 2 + 4.8 - 0.12$
$\qquad\qquad\qquad\qquad \times 2 = 18.18 \mathrm{m}$

$\qquad\qquad$ 宽 $= 0.24 \mathrm{m}$

$\qquad\qquad$ 高 $= 3 \mathrm{m}$

3—3 净长 $= 4.8 + 4.2 - 0.24 - 0.12 = 8.64 \mathrm{m}$

$\qquad$ 宽 $= 0.365 \mathrm{m}$

$\qquad$ 高 $= 3 \mathrm{m}$

$V = 18.18 \times 0.24 \times 3 + 8.64 \times 0.365 \times 3 = 13.090 + 9.461 = 22.551 \mathrm{m}^3$

（*b*）二层净长 $= 5.1 - 0.12 \times 2 + 4.2 - 0.12 + 0.12 + 4.8 - 0.12 \times 2 + 4.8 - 0.12 \times 2$
$\qquad\qquad\qquad = 18.18 \mathrm{m}$

$\qquad\qquad$ 宽 $= 0.24 \mathrm{m}$

$\qquad\qquad$ 高 $= 3 \mathrm{m}$

$V = 18.18 \times 0.24 \times 3 = 13.090 \mathrm{m}^3$

应扣除：

门窗洞口

$V_{\mathrm{M3(0.36墙)}} = 0.9 \times 2.1 \times 0.365 = 0.690 \mathrm{m}^3$

$V_{\mathrm{M3(0.24墙)}} = 0.9 \times 2.1 \times 0.24 \times 4 = 1.814 \mathrm{m}^3$

$V_{\mathrm{M4}} = 0.8 \times 2.1 \times 0.24 \times 2 = 0.806 \mathrm{m}^3$

$V_{\mathrm{M5}} = 0.7 \times 2.1 \times 0.24 \times 2 = 0.706 \mathrm{m}^3$

圈梁、过梁（因砖墙面积按 0.365 计算，故扣除也按 0.365 计算）

$V_{\mathrm{QL1B}} = 8.64 \times 0.365 \times 0.355 = 1.120 \mathrm{m}^3$

$V_{\mathrm{QL2}} = 18.18 \times 0.24 \times 0.3 \times 2 = 2.618 \mathrm{m}^3$

$V_{\mathrm{GL7}} = 0.24 \times 0.06 \times 1.38 \times 4 = 0.079 \mathrm{m}^3$

$V_{\mathrm{GL9}} = 0.24 \times 0.06 \times 1.28 \times 2 = 0.037 \mathrm{m}^3$

$V_{\mathrm{GL10}} = 0.24 \times 0.06 \times 1.18 \times 2 = 0.034 \mathrm{m}^3$

$V_{\mathrm{GL7A}} = 0.36 \times 0.06 \times 1.38 = 0.030 \mathrm{m}^3$

$V_{\mathrm{内}} = 22.551 + 13.090 - 0.690 - 1.814 - 0.806 - 0.706 - 1.120 - 2.618 - 0.079 - 0.037$
$\quad - 0.034 - 0.030 = 27.71 \mathrm{m}^3$

$V_{\mathrm{总}} = 89.308 + 27.72 = 117.02 \mathrm{m}^3$（减构造柱）$- 1.158 = 115.86 \mathrm{m}^3$

⑪ 砌半砖墙：

a. 首层 $V_{\mathrm{卫}} = (3.3 - 0.24) \times 0.115 \times 2.9 = 1.021 \mathrm{m}^3$

$$V_{贮}=(1.08-0.12+3.6-0.12)\times0.115\times(2.9+0.15)(考虑此处地坪较$$
$$高)=1.557m^3$$

扣除　$V_{GL8}=0.12\times0.06\times1.38=0.010m^3$

$\qquad V_{M3}=0.9\times2.1\times0.115=0.217m^3$

$\qquad V_{首}=V_{卫}+V_{贮}=1.021+1.557-0.010-0.217=2.35m^3$

b. 二层　$V_{卫}=(3.3-0.24)\times0.115\times(6.0-3-0.12)=1.013m^3$

$\qquad V_{卧}=(5.1-0.24)\times0.115\times2.88=1.610m^3$

扣除　$V_{GL8}=0.12\times0.06\times1.38=0.010m^3$

$\qquad V_{M3}=0.9\times2.1\times0.115=0.217m^3$

$\qquad V_{二}=V_{卫}+V_{卧}=1.013+1.610-0.010-0.217=2.396m^3$

$\qquad V_{总}=V_{首}+V_{二}=2.350+2.396=4.75m^3$

⑫ 地面工程：

a. 首层　$S_{书房}=(4.8-0.36)\times(4.2-0.36)=17.050m^3$

$\qquad S_{客厅}=(4.8-0.24)\times(4.2-0.24)=18.057m^3$

$\qquad S_{大厅}=(3.6+4.8-0.24)\times(5.1-0.24)+(3.6-0.24)\times4.2=39.658+$

$\qquad\qquad 14.112=53.77m^3$

$\qquad V_{卫、厨}=(4.8-0.24)\times(3.3-0.24)=13.954m^3$

$\qquad V_{车、贮}=(5.1-0.24)\times(4.8-0.24)-(1.08-0.12)\times1.26(室内台阶)$

$\qquad =20.952m^2$

$\qquad S_{首}=17.050+18.057+53.77+13.954+20.952=123.783m^3$

b. 二层

$V_{卧1}=(4.8-0.24)\times(5.1-0.24)=22.162m^3$

$V_{卧2}=(4.8-0.24)\times(4.2-0.24)=18.058m^3$

$V_{卧3走道}=(3.6+4.8-0.24)\times(5.1-0.24)+(3.6-0.24)\times4.2-(3.6-0.24)\times(1.8$

$\qquad +0.9+0.2)(楼梯)=39.658+14.112-9.744=44.026m^3$

$S_{卫、衣}=(4.8-0.24)\times(3.3-0.24)=13.954m^3$

$S_{二}=22.162+18.058+44.026+13.954=98.200m^3$

$S_{总}=S_{首}+S_{二}=123.783+98.200=221.98m^3$

⑬ 楼梯：(算至楼梯梁外侧)

$S=(3.6-0.12\times2)\times(0.9+1.8+0.2)-1.56\times1.8=9.744-2.808=6.94m^2$

⑭ 雨篷：$V_{YP1}=(1.05+1.5+0.5-0.24)\times1.5=4.215\times0.1=0.42m^3$

$\qquad V_{YP2}=5.1\times1=5.1\times0.1=0.51m^3$

$\qquad V_{YP3}=(0.24+2.4+0.24)\times1=2.88\times0.1=0.29$

$\qquad V_{总}=V_{YP1}+V_{YP2}+V_{YP3}=1.22m^3$

⑮ 内墙内面抹灰：

a. 首层

$S_{书房}=(4.8-0.36+4.2-0.36)\times2\times2.645-2.4\times1.5-0.9\times2.1$

$\qquad =38.311m^2$

$S_{车库}=[(4.8-1.08-0.12+5.1-0.24)\times2-(0.36+0.9+0.24-0.24)]$

$$\times 3.05-3.6\times 2.4-0.9\times 2.1+[(1.08-0.12)\times 2+1.26]\times 2.9-0.9\times 2.1$$
$$=(16.92-1.26)\times 3.05-8.64-1.89+9.222-1.89=44.565m^2$$

$S_{贮藏室}=(1.08-0.24+3.6-0.12)\times 2\times 3.05-0.9\times 2.1=26.352-1.89=24.462m^2$

$$S_{客厅}=(4.8-0.24+4.2-0.24)\times 2\times 2.9-2.4\times 1.5-0.9\times 2.1$$
$$=49.416-3.6-1.89=43.926m^2$$

$$S_{大厅}=(3.6+4.8-0.24+5.1-0.24)\times 2\times 2.9+4.2\times 2\times 2.9-1.5\times 2.4-0.9$$
$$\times 2.1\times 3-0.8\times 2.1-0.7\times 2.1=75.516+24.36-3.6-5.67-1.68$$
$$-1.47=87.456m^2$$

$S_{总}=38.311+44.565+24.462+43.926+87.456=238.72m^2$

$b.$ 二层

$$S_{卧1}=(5.1-0.24+4.8-0.24)\times 2\times 2.88-2.4\times 1.5-2.4\times 2.4-0.9\times 2.1$$
$$=54.259-3.6-5.76-1.89=43.009m^2$$

$$S_{卧2}=(4.8-0.24+4.2-0.24)\times 2\times 2.88-2.4\times 1.5-0.9\times 2.1$$
$$=49.075-3.6-1.89=43.585m^2$$

$$S_{卧3}=(3.6-0.06-0.12+5.1-0.24)\times 2\times 2.88-0.9\times 2.1-0.8\times 2.1-1\times 2.4$$
$$-1.5\times 1.5=39.473m^2$$

$$S_{大厅}=[(3.6+1.2-0.18+5.1-0.24)+4.2]\times 2\times 2.88-0.9\times 2.1\times 3-0.7\times 2.1$$
$$-1.5\times 1.5=78.797-5.67-1.47-2.25=69.407m^2$$

$S_{总}=43.009+43.585+39.473+69.407=195.474m^2$

⑯ 顶棚抹灰：

$a.$ 首层　$S_{书房}=(4.8-0.12-0.24)\times (4.2-0.24-0.12)=17.050m^2$

$S_{车库}=(4.8-0.24)\times (5.1-0.24)=22.162m^2$

$S_{客厅}=(4.8-0.24)\times (4.2-0.24)=18.058m^2$

$$S_{大堂}=(8.4-0.24)\times (5.1-0.24)+(3.6-0.24)\times 4.2-2.9\times 3.36$$
$$=39.658+14.112-9.744=44.026m^2$$

$S_{梁侧面}=2\times 0.35\times 3.36+2\times 0.45\times 4.86=6.726m^2$

$S_{厨、卫}=(4.8-0.24)\times (3.3-0.24)=13.954m^2$

$S_{总}=17.050+22.162+18.058+44.026+6.726+13.954=121.976m^2$

$b.$ 二层　$S_{卧1}=(4.8-0.24)\times (5.1-0.24)=22.162m^2$

$S_{卧2}=(4.8-0.24)\times (4.2-0.24)=18.058m^2$

$$S_{卧3走道}=(8.4-0.24)\times (5.1-0.24)+(3.6-0.24)\times 4.2$$
$$=39.658+14.112=53.770m^2$$

$S_{侧梁面}=3.36\times 0.35\times 2+4.86\times 0.45\times 2=2.352+4.374=6.726m^2$

$S_{卫、厨}=(4.8-0.24)\times (3.3-0.24)=13.954m^2$

$S_{总}=22.162+18.058+53.770+6.726+13.954=114.67m^2$

⑰ 构造柱（算至梁的下皮）：

$a.$ 首层

$$V=2.53\times 0.27\times 0.3+2.43\times 0.27\times 0.27+2.43\times 0.27\times 0.3$$
$$=0.205+0.177+0.197=0.579m^3$$

$b.$ 二层

$V=(5.53-3)\times0.27\times0.3+(5.43-3)\times0.27\times0.27+(5.43-3)\times0.27\times0.3$

$\quad=0.579m^3$

$V_{总}=0.579+0.579=1.158m^3$

⑱ 钢筋混凝土圈梁：

$a.$ 首层

（a）外墙 QL_1、QL_{1A} 长$=52.08m$

宽$=0.36m$

高$=0.3m$

$V_{外}=52.08\times0.36\times0.3=5.625m^3$

（b）内墙 QL_{1B} 长$=4.2-0.12-0.24+4.8-0.12+0.12=8.64m$

宽$=0.36m$

高$=0.355m$

$V=8.64\times0.36\times0.355=1.104m^3$

QL_2 长$=5.1-0.12\times2+4.2-0.12+0.12+4.8-0.12\times2+4.8-0.12\times2=18.18m$

宽$=0.24m$

高$=0.3m$

$V=18.18\times0.24\times0.3=1.309m^3$

$V_{内}=1.104+1.309=2.413m^3$

$V_{首}=5.625+2.413=8.038m^3$

$b.$ 二层

（a）外墙 $V_{QL1}=52.08m$

宽$=0.24m$

高$=0.3m$

$V_{外}=52.08\times0.36\times0.3=5.625m^3$

（b）内墙 QL_2 长$=5.1-0.12\times2+4.2-0.2+4.8-0.12\times2+4.8-0.12=18.18m$

宽$=0.24m$

高$=0.3m$

$V_{内}=18.18\times0.24\times0.3=1.309m^3$

$V_{二}=5.625+1.309=6.934m^3$

$V_{总}=V_{首}+V_{二}=8.038+6.934=14.97m^3$

⑲ 钢筋混凝土有梁板工程量：

$a.$ 首层 $V_{书房}=(4.8-0.36)\times(4.2-0.36)\times0.1=1.705m^3$

$V_{车库}=(4.8-0.24)\times(5.1-0.24)\times0.1=2.216m^3$

$V_{客厅}=(4.8-0.24)\times(4.2-0.24)\times0.1=1.806m^3$

$V_{卫、厨}=(4.8-0.24)\times(3.3-0.24)\times0.1=1.395m^3$

$V_{大厅}=[(3.6+4.8-0.24)\times(5.1-0.24)+(3.6-0.24)\times(1.26-0.2$
$\qquad +0.24)]\times0.1=4.403m^3$

$V_{梁}=0.24\times0.35\times(3.36+0.24)+0.24\times0.45\times(4.86+0.24\times2)$
$\qquad =0.302+0.577=0.879m^3$

$$V_\text{首}=1.705+2.216+1.806+1.395+4.403+0.879=12.404\text{m}^3$$

b. 二层　$V_\text{卧1}=(4.8-0.24)\times(5.1-0.24)\times0.12=2.659\text{m}^3$

$$V_\text{卧2}=(4.8-0.24)\times(4.2-0.24)\times0.12=2.167\text{m}^3$$

$$V_\text{卫、厨}=(4.8-0.24)\times(3.3-0.24)\times0.12=1.674\text{m}^3$$

$$V_\text{走道、卧3}=[(3.6+4.8-0.24)\times(5.1-0.24)+(3.6-0.24)\times4.2]\times0.12$$
$$=6.452\text{m}^3$$

$$V_\text{梁}=0.24\times0.35\times(3.36+0.24)+0.24\times0.45\times(4.86+0.48)$$
$$=0.302+0.577=0.879\text{m}^3$$

$$V_\text{二}=2.659+2.167+1.674+6.452+0.879=13.831\text{m}^3$$

$$V_\text{总}=V_\text{首}+V_\text{二}=12.404+13.831=26.24\text{m}^3$$

⑳ **门窗工程量：**

$$S_\text{铝合金窗}=2.4\times1.5\times4+0.9\times1.5\times2+1.5\times1.5\times2+1.2\times1.5\times2$$
$$=14.4+2.7+4.5+3.6=25.2\text{m}^2$$

$$S_\text{木门}=1.5\times2.4+0.9\times2.1\times7+0.7\times2.1\times2=3.6+13.23+2.94=19.77\text{m}^2$$

$$S_\text{铝合金卷帘门}=3.6\times(2.4+0.6)=10.8\text{m}^2$$

$$S_\text{单扇半玻门}=0.8\times2.1\times2=3.36\text{m}^2$$

$$S_\text{四扇铝合金弹簧门}=2.4\times2.4=5.76\text{m}^2$$

$$S_\text{铝合金单扇门}=1\times2.4=2.4\text{m}^2$$

㉑ **钢筋混凝土过梁：**

$$4GL_1=0.36\times0.3\times2.9\times4=1.253\text{m}^3$$

$$2GL_2=0.36\times0.12\times1.68\times2=0.145\text{m}^3$$

$$2GL_3=0.36\times0.12\times1.38\times2=0.119\text{m}^3$$

$$2GL_4=0.36\times0.12\times1.98\times2=0.171\text{m}^3$$

$$GL_5=0.36\times0.3\times1.98=0.214\text{m}^3$$

$$GL_6=0.36\times0.3\times4.1=0.443\text{m}^3$$

$$4GL_7=0.24\times0.06\times1.38\times4=0.079\text{m}^3\text{（在240墙上）}$$

$$GL_{7A}=0.36\times0.06\times1.38=0.029\text{m}^3\text{（在360墙上）}$$

$$2GL_8=0.12\times0.06\times1.38\times2=0.020\text{m}^3$$

$$2GL_9=0.24\times0.06\times1.28\times2=0.037\text{m}^3$$

$$2GL_{10}=0.24\times0.06\times1.18\times2=0.034\text{m}^3$$

$$GL_{11}=0.36\times0.12\times1.48=0.064\text{m}^3$$

$$GL_{12}=0.36\times0.3\times2.9=0.313\text{m}^3$$

$$V_\text{总}=1.253+0.145+0.119+0.171+0.214+0.443+0.079+0.029+0.020$$
$$+0.037+0.034+0.064+0.313=2.921\text{m}^3$$

㉒ **外窗台抹面：**

$$S_{C1}=(2.4+0.2)\times0.36\times4=3.744\text{m}^2$$

$$S_{C2}=(0.9+0.2)\times0.36\times2=0.792\text{m}^2$$

$S_{C3}=(1.5+0.2)\times0.36\times2=1.224m^2$

$S_{C4}=(1.2+0.2)\times0.36\times2=1.008m^2$

$S_{总}=3.744+0.792+1.224+1.008=6.77m^2$

㉓ 别墅屋顶找平层：

$S_{首层}=S_{水平}+S_{卷起}=(4.2-0.24)\times(4.8-0.24)+(4.2+4.8-0.24\times2)\times2\times0.25$

$=18.058+4.26=22.318m^2$

$S_{二层}=S_{水平}+S_{卷起}-S_1-S_2$

$=(4.2+5.1+3.3)\times(4.8+3.6+4.8)+(4.2+5.1+3.3+4.8+3.6+4.8)\times2$

$\times0.25-4.2\times4.8-3.3\times(4.8+3.6)$

$=166.32+12.9-20.16-27.72=131.34m^2$

$S_{总}=S_{首层}+S_{二层}=22.318+131.34=153.66m^2$

㉔ 水磨石地面：

a. 素土夯实

$V=$室内净面积×厚

$=88.88\times0.15=13.33m^3$（书房、会客厅、大厅面积）

b. 3∶7 灰土

$V=88.88\times0.1=8.89m^3$

c. C10 混凝土

$V=88.88\times0.05=4.44m^3$

d. 水磨石地面

$S=88.88m^2$

㉕ 铺砖地面：

a. 素土夯实

$V=$室内净面积×厚

$=13.59\times0.15=2.04m^3$

b. 3∶7 灰土

$V=13.59\times0.1=1.36m^3$

c. 随打随抹

$V=13.59\times0.1=1.36m^3$

d. 地砖面层

$S=13.59m^2$

㉖ 水泥砂浆地面（扣除室内台阶后的面积）：

a. 素土夯实

$V=$室内净面积×厚

$=20.95\times0.15=3.14m^3$

b. 3∶7 灰土

$V=20.95\times0.1=2.1m^3$

c. C10 混凝土

$V=20.95\times0.05=1.05m^3$

d. 水泥砂浆地面

$S = 20.95 \text{m}^2$

㉗ 室内水磨石踢脚板：

$S = $ 图示长度×高＋门侧壁－门口

$S_{\text{厅}} = [(8.4-0.24)+(9.3-0.24)] \times 2 \times 0.15 = 5.166 \text{m}^2$

$S_{\text{客厅}} = [(4.8-0.24)+(4.2-0.24)] \times 2 \times 0.15 = 2.556 \text{m}^2$

$S_{\text{书}} = [(4.8-0.36)+(4.2-0.36)] \times 2 \times 0.15 = 2.484 \text{m}^2$

$S_{\text{门侧}} = (0.18 \times 3+0.12 \times 5) \times 0.15 = 0.396 \text{m}^2$

$S_{\text{门}} = (0.9 \times 5+1.5+0.7+0.8) \times 0.15 = 1.125 \text{m}^2$

$S_{\text{净}} = 9.25 \text{m}^2$

㉘ 室内台阶：

a. 开槽

$V = (1.08-0.12) \times 1.26 \times 0.15 = 0.18 \text{m}^3$

b. 3∶7 灰土

$V = (1.08-0.12) \times 1.26 \times 0.15 = 0.18 \text{m}^3$

c. 混凝土台阶水泥砂浆面

$S = (1.08-0.12) \times 1.26 = 1.21 \text{m}^2$

㉙ 室外散水：

a. 开槽

$V = 37.59 \times 0.8 \times 0.15 = 5.64 \text{m}^3$

b. 3∶7 灰土

$V = 37.59 \times 0.8 \times 0.15 = 5.64 \text{m}^3$

c. 混凝土散水随打随抹面

$S = [(13.68+0.8 \times 2)+(4^2+5.1+0.24 \times 2+0.8)+13.08+(4.8+0.24+1.05+$
$0.8)+(4.8+0.24+0.12-4)] \times 0.8 = 37.59 \text{m}^2$

㉚ 室外台阶：

a. 挖槽

$V = (0.3+2+1.05-0.24) \times (0.3 \times 2+1-0.24) \times 0.35 = 1.48 \text{m}^3$

b. 3∶7 灰土

$V = 3.11 \times 1.36 \times 0.15 = 0.63 \text{m}^3$

c. C20 混凝土基础

$V = 3.11 \times 1.36 \times 0.2 = 0.85 \text{m}^3$

d. 砖台阶水泥砂浆面

$S = 3.11 \times 1.36 = 4.23 \text{m}^2$

㉛ 室外坡道：

a. 开挖

$V = 4 \times 1.5 \times 0.15 = 0.9 \text{m}^3$

b. 3∶7 灰土

$V = 4 \times 1.5 \times 0.15 = 0.9 \text{m}^3$

c. 混凝土坡道

$$S=4\times1.5=6m^2$$

d. 抹坡道

$$S=4\times1.5=6m^2$$

㉜ 楼地面彩色水磨石踢脚板（楼道处）：

$$S=[(4.8-0.12)+(5.1+4.2-1.8-0.9-0.12)\times2+(1.2-0.06+0.12)]\times0.15$$
$$-(0.9\times3+0.7)\times0.15+(侧)0.12\times0.15\times6+0.06\times0.15\times2=2.42m^2$$

㉝ 厕所墙面贴面砖：

$$S=室内周长\times高+门窗侧壁-门窗口$$

$$S_{卫}=[(2.1-0.12-0.06)+(3.3-0.12-0.24)]\times2\times(2.9+2.88)=56.182m^2$$

$$S_{厨}=[(2.7-0.12-0.06)+(3.3-0.12-0.24)]\times2\times(2.9+2.88)=63.118m^2$$

$$S_{门窗}=0.8\times2.1\times2+0.7\times2.1\times2+0.9\times1.5\times2+1.2\times1.5\times2=12.6m^2$$

$$S_{侧壁}=0.12\times4\times2.1+0.12\times4\times1.5+0.12\times0.8\times4+0.12\times4\times0.7=2.448m^2$$

$$S_{净}=109.15m^2$$

㉞ 外檐抹水泥砂浆面：

一层：$S=外周圈长\times高-门窗洞口+门窗侧壁-台阶坡道所占面积$

$$S_{一层}=(13.68+13.08)\times2\times(3+0.45)+露台两边(4.2+4.8)\times(0.245-0.06)$$
$$=186.31m^2$$

$$S_{门窗}=1.5\times2.4+3.6\times2.4+2.4\times1.5\times2+0.9\times1.5+1.2\times1.5=22.59m^2$$

$$S_{门窗侧壁}=(6.3+8.4+15.6+4.8+5.4)\times0.18=7.29m^2$$

$$S_{台阶花池所占}=(3.24+3.3)\times0.45=2.943m^2$$

$$S=坡道所占=4\times0.3=1.2m^2$$

$$S_{净}=166.87m^2$$

二层：

$$S=外周圈长\times高-门窗洞口+门窗侧壁$$

$$S_{二层}=(13.68+13.08)\times2\times(3+0.5-0.06)=184.109m^2$$

$$S_{门窗}=2.4\times2.4+2.4\times1.5\times2+2.4\times1+1.5\times1.5\times2+0.9\times1.5+1.2\times1.5$$
$$=23.01m^2$$

$$S_{门窗侧壁}=(7.2+15.6+5.8+12+4.8+5.4)\times0.18=9.144m^2$$

$$S_{二层净}=170.24m^2$$

$$S_{二层合计}=337.11m^2$$

㉟ 外檐刷有色涂料（计算方法同上）：

$$S=337.11m^2$$

㊱ 钢筋混凝土阳台板：

$$V=5.1\times1\times0.1=0.51m^3$$

㊲ 钢筋混凝土栏板：

$$V=[5.1+(1-0.08)\times2]\times0.9\times0.08=0.5m^3$$

㊳ 阳台抹面：

$S =$ 长 × 展开宽

　　$= [5.1 + (1 - 0.08) \times 2] \times 2 = 13.9 \text{m}^2$

㊴ 阳台刷涂料：

$S = 13.9 \text{m}^2$

㊵ 屋顶混凝土压顶：

$V = V_{露台} + V_{二层}$（女儿墙中心线 × 断面）

　　$= (4.2 + 4.8) \times 0.34 \times 0.06 + 52.56 \times 0.34 \times 0.06 = 1.26 \text{m}^3$

㊶ 水泥砂浆抹压顶：

　　$S = S_{露台} + S_{二层}$（女儿墙中心线 × 展开宽）

　　$= (4.2 + 4.8) \times 0.52 + 52.56 \times 0.56$

　　$= 34.47 \text{m}^2$

㊷ 压顶刷涂料（计算方法同上）：

$S = 34.47 \text{m}^2$

㊸ 屋顶干铺焦渣保温层：

$V =$ 屋顶面积 × 均厚

$V_{露台} = (4.8 - 0.24) \times (4.2 - 0.24) \times 0.2 = 3.612 \text{m}^3$

$V_{二层} = (13.2 \times 12.6 - 4.8 \times 4.2 - 8.4 \times 3.3) \times 0.2 = 23.688$

$V_{合计} = 27.3 \text{m}^3$

㊹ 露台铺地砖：

$S = (4.8 - 0.24) \times (4.2 - 0.24) = 18.06 \text{m}^2$

㊺ 雨水管：

$L =$ 板上皮 + 室外高差

　　$= (6 + 0.45) \times 3 = 19.35 \text{m}$

$L_{露台} = (6 - 2.98) \times 2 + 2.98 + 0.45 = 9.47 \text{m}$

$L_{合计} = 28.82 \text{m}$

㊻ 弯头：

$N = 6$ 个

㊼ 楼梯及露台处铁栏杆不锈钢扶手：

$L_{露台} = 4.2 + 4.8 = 9 \text{m}$

$L_{楼梯} = (1.8 \times 2 + 1.56) \times 1.15$（斜长系数）$+ (1.56 + 0.9) = 8.394 \text{m}$

$L_{合计} = 17.39 \text{m}$

㊽ 楼梯基础开挖：

$V = 0.9 \times (0.49 + 0.3) \times (0.15 + 0.4 + 0.1) = 0.46 \text{m}^3$

㊾ 楼梯基础下 2：8 灰土：

$V = 0.9 \times (0.49 + 0.3) \times 0.15 = 0.11 \text{m}^3$

㊿ 楼梯砖基础：

$V = 0.9 \times (0.49 \times 0.12 + 0.36 \times 0.28) = 0.144 \text{m}^3$

（5）工程量清单计价表（表 3-36）

表 3-36

序号	项目编号	项 目 名 称	单位	工程量	综合单价/元	合价/元
1	053101001	平整场地	m^2	151.21	4.67	706
2	053101002	人工挖地槽	m^3	187.25	18.2	3408
3	E.31.B	槽底钎探	m^2	149.8	1.98	297
4	E.31.D	基础垫层混凝土	m^3	11.01	265	2918
5	053301001	钢筋混凝土基础	m^3	24.04	550	13222
6	053201001	砖基础	m^3	33.47	202.99	6794
7	053303001	混凝土地圈梁	m^3	3.14	866	2719
8	053103001	回填土	m^3	112.35	9.47	1064
9	053202001	砌墙	m^3	115.86	225.9	26173
10	053202001	砌 1/2 砖墙	m^3	4.74	240.18	1138
11	053501002	彩边水磨石地面	m^2	88.88	44.67	3970
12	E.35.A	地面下素土夯实	m^3	13.33	77.37	1031
13	E.35.A	地面下 100 厚 3:7 灰土垫层	m^3	8.89	115.47	1027
14	E.35.A	地面下 50 厚 C10 混凝土	m^3	4.44	265	1177
15	053502002	铺地砖地面	m^2	13.59	48.88	664
16	E.35.A	地面下素土夯实	m^3	2.04	77.37	158
17	E.35.A	地面下 100 厚 3:7 灰土垫层	m^3	1.36	115.47	157
18	E.35.A	地面下 100 厚垫层	m^3	1.36	8.2	11
19	053501001	水泥砂浆地面面层（代踢）	m^2	20.95	14.94	313
20	E.35.A	地面下素土夯实	m^3	3.14	77.37	243
21	E.35.A	地面下 100 厚 3:7 灰土垫层	m^3	2.1	115.47	242
22	E.35.A	地面下 50 厚 C10 混凝土	m^3	1.05	265	278
23	053504003	室内水磨石踢脚板	m^2	9.25	60.21	557
24	053101002	室外台阶挖槽	m^3	1.48	15.22	23
25	E.35.A	台阶下 3:7 灰土垫层	m^3	0.63	115.47	73
26	053301001	C20 混凝土基础	m^3	0.85	285	242
27	053506003	室外砖台阶水泥砂浆面	m^2	4.23	61.61	261
28	053101002	室内台阶挖槽	m^3	0.18	15.22	3
29	E.33.D	3:7 灰土	m^3	0.18	115.47	21
30	053506003	混凝土台阶水泥浆面	m^2	1.21	61.61	75
31	053101002	室外散水挖槽	m^3	5.64	15.22	86
32	E.33.D	室外散水下 3:7 灰土垫层	m^3	5.64	115.47	651
33	053306002	混凝土散水随打随抹	m^2	37.59	25.6	962
34	053101002	室外坡道开挖	m^3	0.9	15.22	14
35	E.33.D	坡道下 3:7 灰土垫层	m^3	0.9	115.47	104
36	053306002	混凝土坡道	m^2	6	25.6	154

序号	项目编号	项目名称	单位	工程量	综合单价/元	合价/元
37	B.1.G	水泥砂浆抹坡道	m²	6	27.2	163
38	053501002	室内楼面彩色水磨石面	m²	27.11	44.67	1211
39	053504003	室内水磨石踢脚板	m²	2.84	60.21	171
40	053502002	铺地砖楼面	m²	13.59	48.88	664
41	053501001	水泥砂浆地面（代踢）	m²	57.13	14.94	854
42	010406001	钢筋混凝土整体楼梯	m²	6.94	2460	17072
43	020106002	水磨石楼梯面	m²	6.94	44.67	310
44	010405008	钢筋混凝土雨棚	m³	1.22	721	880
45	053603001	水泥砂浆抹雨棚	m³	12.2	46.3	565
46	053601001	内墙面抹面	m²	434.19	11.44	4967
47	053608001	顶棚抹面	m²	236.65	12.3	2911
48	053604003	厨厕墙面贴面砖	m²	109.15	77.33	8441
49	053704001	内墙面顶棚喷涂料	m²	735.6	15.1	11108
50	053603001	外檐：水泥砂浆抹窗台	m²	6.77	12.6	85
51	053601001	外檐：抹水泥砂浆面	m²	337.11	13.13	4426
52	053704001	外檐：刷有色涂料	m²	337.11	8.5	2865
53	053305005	钢筋混凝土阳台板	m³	0.51	1260	643
54	053305005	钢筋混凝土阳台栏板	m³	0.5	1050	525
55	053306001	屋顶混凝土压顶	m³	1.26	420	529
56	053603001	水泥砂浆抹压顶	m²	34.47	19.55	674
57	053704001	刷有色涂料	m²	34.47	14.8	510
58	053603001	水泥砂浆抹阳台	m²	13.9	18.6	259
59	053704001	阳台刷涂料	m²	13.9	14.8	206
60	053302001	钢筋混凝土构造柱	m³	1.168	820	950
61	053303002	钢筋混凝土圈梁	m³	14.97	866	12964
62	053305001	钢筋混凝土有梁板	m³	12.61	926	11677
63	053303003	钢筋混凝土过梁	m³	2.66	866	2304
64	生项	屋顶水泥焦渣保温层	m³	27.3	92.6	2528
65	053402001	三毡三油防水层	m²	153.66	27.39	4209
66	E.34.A	水泥砂浆找平层	m²	153.66	8.37	1286
67	053402002	露台防水涂膜屋面	m²	153.66	15.78	2425
68	053502002	露台铺地砖	m²	18.06	66.5	1201
69	010702004	自来水管	m	28.82	15.3	441
70	053505001	楼梯露台铁栏杆不锈钢扶手	m	17.39	638.53	11104
71	A.7.D	弯头	个	6	55	330
72	020406002	铝合金平开窗	m²	25.2	310	7812

序号	项目编号	项 目 名 称	单位	工程量	综合单价/元	合价/元
73	020403003	铝合金卷帘门	m²	10.8	410	4428
74	020402001	铝合金平开门	m²	2.4	330	792
75	020402003	铝合金弹簧门	m²	5.76	375	2160
76	020401004	木门	m²	23.13	172	3978
77	053101002	楼梯基础挖槽	m³	0.46	15.22	7
78	E.35.A	楼梯2:8灰土垫层	m³	0.11	112.28	12
79	053202004	混凝土基楼基础	m³	0.14	265.93	37
80	A.31.B	脚手架	m²	284.81	9.64	2746
		总计（其他费用计取略）				204341

注：室外花池略。

第四章　景观电气照明工程工程量清单的编制

一、相关专业知识介绍

(一) 电缆工程

1. 电缆由导体、绝缘层、保护层三部分组成。电缆的型号及其构造：电缆按导线材质可分为两种：铜芯、铝芯。按用途可以分为：电力电缆、控制电缆、通信电缆、射频同轴电缆、移动式软电缆。按绝缘可分为橡皮绝缘、油浸纸绝缘、塑料绝缘。按芯数有单芯、双芯、三芯、四芯及多芯。按电压可分为低压电缆、高压电缆，工作电压等级有500V 和 1kV、6kV 及 10kV 等。

2. 电缆型号的内容包含有：用途类别、绝缘材料、导体材料、铠装保护层等。

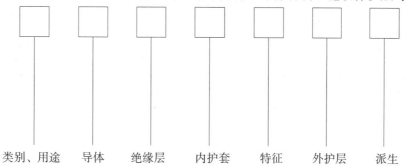

电缆的型号见表 4-1，外保护层代号见表 4-2，在电缆型号后面还注有芯线根数、截面、工作电压和长度。

电缆型号含义　　　　　　　　　　　　　　表 4-1

类　别	导　体	绝　缘	内　护　套	特　征
电力电缆 （省略不表示） K：控制电缆 P：信号电缆 YT：电梯电缆 U：矿用电缆 Y：移动式软缆 H：市内电缆 UZ：电钻电缆 DC：电气化车辆用电缆	T：铜线 （可省） L：铝线	Z：油浸纸 X：天然橡胶 （X）D 丁基橡胶 （X）E 乙丙橡胶 VV：聚氯乙烯 Y：聚乙烯 YJ：交联聚乙烯 E：乙丙胶	Q：铅套 L：铝套 H：橡套 （H）P：非燃性 HF：氯丁胶 V：聚氯乙烯护套 Y：聚乙烯护套 VF：复合物 HD：耐寒橡胶	D：不滴油 F：分相 CY：充油 P：屏蔽 C：虑尘用或重型 G：高压

外保护层代号含义

表 4-2

第一个数字		第二个数字	
代 号	铠装层类型	代 号	外被层类型
0	无	0	无
1	钢带	1	纤维线包
2	双钢带	2	聚氯乙烯护套
3	细圆钢丝	3	聚乙烯护套
4	粗圆钢丝	4	

外保护层还有一些其他的标识方法，例：11—裸金属护套；12—钢带铠装一级保护层；22—钢带铠装二级保护层；20—裸钢带铠装一级保护层；29—内钢带铠装外保护层。

例：YJLV22—3×25＋1×16—10—350 表示交联聚乙烯绝缘、聚氯乙烯内护套、双钢带铠装、聚氯乙烯外护套、三芯 $25mm^2$、一芯 $16mm^2$ 的电力电缆。

3. 常用电缆的规格型号见表 4-3。

常用电缆的规格型号

表 4-3

型 号	名 称	备 注
VV	铜芯聚氯乙烯绝缘聚氯乙烯护套电缆	铝芯为 VLV
VV29	铜芯聚氯乙烯绝缘聚氯乙烯护套内钢带铠装电缆	铝芯为 VLV29
ZR-VV	铜阻燃聚氯乙烯绝缘聚氯乙烯护套电缆	铝芯为 ZR-VLV
ZR-VV22	铜阻燃聚氯乙烯绝缘聚氯乙烯护套电缆	铝芯为 ZR-VLV22
KVV	铜芯聚氯乙烯绝缘、聚乙烯护套控制电缆	铝芯为 KLVV
KVV29	铜芯聚氯乙烯绝缘、聚乙烯护内钢带铠装控制电缆	
HQ	铜芯纸绝缘裸铅包电话电缆	
HLQ	铜芯纸绝缘裸铅包电话电缆	
YZ	中型橡套电缆	
YC YCW	重型橡套电缆	

(二) 常用的低压控制和保护器

工程中常用的低压电器设备有刀开关、熔断器、低压断路器、接触器、磁力启动器及各种继电器等。

1. 刀开关：刀开关是最常见的手动控制设备，它可以不频繁地接通电路。按照闸刀的构造，刀开关可以分为胶盖刀开关和铁壳刀开关两种，按照极数又可以分为单极、双极、三极等三种。

2. 熔断器：熔断器是具有断路功能的保护元件。用来防止电路和设备长期通过过载电流和短路电流的作用。

3. 低压断路器：低压断路器又称为自动开关和空开。是工程中应用最广泛的一种控制设备。它的功能很多，主要有短路保护、过载保护、失欠电压保护等。常用作配电箱中的总开关或分路开关。

4. 接触器：接触器又称为电磁开关。可分为直流接触器和交流接触器两类。它是利用电磁的吸力来控制接触头的动作。在工程中常用交流接触器。

5. 磁力启动器：磁力启动器由接触器、按钮和热继电器三部分组成。磁力启动器中有热继电器保护，而且还具有可逆运行功能。

（三）灯具安装基本要求

1. 室外照明安装不应低于 3m（在墙上安装时可不低于 2.5m）。

2. 路灯安装的相线应装熔断器，线路进入灯具处应做防水弯。路灯可分为马路弯灯、高压水银柱灯和钠柱灯。一般装于水泥柱或金属管杆上，柱或杆的底部一般都装有底座，底座内装有接线板或接线盒，内装保险丝、整流器。路灯根据要求可分为单叉、双叉等形式。

3. 金属卤化物灯的安装高度不应低于 5m，电源线经接线柱连接并不得使电源线靠近灯具表面；灯管必须与接触器和限流器配套使用。

4. 变配电所内高、低压柜及母线的正上方不得安装灯具（不包括采用封闭母线、封闭式盘柜的变配电柜）。

二、与电气系统相关的工程量清单项目设置及工程量计算规则

（一）电缆

1. 直埋电缆的挖、填土（石）方，除特殊要求外，可按表 4-4 计算土方量。

直埋电缆的挖、填土（石）方量 表 4-4

项　　目	电缆根数	
	1～2	每增一根
每米沟长挖方量/m³	0.45	0.153

注：1. 两根以内的电缆沟，系按上口宽度 600mm、下口宽度 400mm、深度 900mm 计算的常规土方量（深度按规范的最低标准）；
　　2. 每增一根电缆，其宽度增加 170mm；
　　3. 以上土方量系按埋深从自然地坪起算，如设计埋深超过 900mm 时，多挖的土方量应另行计算。

2. 电缆沟盖板揭、盖基价，按每揭或每盖一次延长米计算。如又揭又盖，则按两次计算。

3. 电缆保护管长度，除按设计规定长度计算外，遇到下列情况，应按以下规定增加保护管长度：

（1）横穿道路时，按路基宽度两端各增加 2m 计算。

（2）垂直敷设时，按管口距地面增加 2m 计算。

（3）穿过建筑物外墙时，按基础外缘以外增加 1m 计算。

（4）穿过排水沟时，按沟壁外缘以外增加 1m 计算。

4. 电缆保护管埋地敷设，其土方量凡有施工图注明的，按施工图计算；无施工图的一般按沟深 0.9m、沟宽按最外边的保护管两侧边缘外各增加 0.3m 工作面计算。

5. 电缆敷设按单根以延米计算，一个沟内（架上）敷设三根各长 100m 的电缆，应按 300m 计算，以此类推。

6. 电缆敷设长度应根据敷设路径的水平和垂直敷设长度，按表 4-5 规定增加附加长度。

7. 电缆终端头及中间头均以"个"为计量单位。电力电缆和控制电缆均按一根电缆有两个终端头考虑。中间电缆头设计有图示的,按设计确定;设计没有规定的,按实际情况计算(平均250m一个中间头考虑)。

电缆敷设附加长度 表 4-5

序　号	项　目	预留长度（附加）	说　明
1	电缆敷设弛度、波形弯度、交叉	2.5%	按电缆全长计算
2	电缆进入建筑物	2.0m	规范规定最小值
3	电缆进入沟内或吊架时引上（下）预留	1.5m	规范规定最小值
4	电力电缆终端头	1.5m	规范规定最小值
5	电缆进控制、保护屏及模拟盘等	高＋宽	按盘面尺寸
6	变电所进线、出线	1.5m	规范规定最小值
7	电缆中间接头盒	两端各留 2.0m	检修余量最小值
8	高压开关柜、保护屏及模拟盘等	2.0m	盘下进出线
9	电缆至电动机	0.5m	从电机接线盒起算
10	电梯电缆与电缆架固定	每处 0.5m	规范最小值
11	电缆绕过梁柱等增加长度	按实计算	按被绕物的断面情况计算

注：电缆附加及预留长度是电缆敷设长度的组成部分,应计入电缆长度工程量之内。

(二) 控制设备及低压电器

1. 控制箱、配电箱安装均应根据其名称、型号、规格,以"台"为计量单位,按设计图示数量计算。其工程内容包括:基础槽钢、角钢的制作安装;箱体安装。

2. 盘、柜配线分不同规格,以"米"为计量单位。

3. 铁构件制作安装均按施工图设计尺寸,以成品重量"千克"为计量单位。

4. 焊压接线端子基价只适用于导线。电缆终端头制作安装基价中已包括压接端子,不得重复计算。

5. 小电器安装,应根据其名称、型号、规格,以"个(套)"为计量单位,按设计图示数量计算。

(三) 照明器具安装

1. 普通吸顶灯及其他灯具安装,应根据其名称、型号、规格,以"套"为计量单位。按设计图示数量计算。其工程内容包括:支架制作、安装,组装,油漆。

2. 装饰灯安装,应根据其名称、型号、规格、安装高度,以"套"为计量单位。按设计图示数量计算。其工程内容包括:支架制作、安装,安装。

3. 工厂灯安装,应根据其名称、型号、规格、安装形式及高度,以"套"为计量单位。按设计图示数量计算。其工程内容包括:支架制作、安装,安装,油漆。

4. 荧光灯安装,应根据其名称、型号、规格、安装形式,以"套"为计量单位。按设计图示数量计算。其工程内容包括:安装。

5. 路灯安装工程,应区别不同臂长,不同灯数,以"套"为计量单位计算。

工厂厂区内、住宅小区内路灯安装执行本册基价,城市道路的路灯安装执行市政路灯安装基价。

6. 成套型、组装型杆座安装工程量，按不同杆座材质，以杆座安装只数计算。

（四）电机检查接线及调试

普通小型直流电动机、可控硅调速直流电动机检查接线及调试，应根据其名称、型号、容量（kW）及类型，以"台"为计量单位，按设计图示数量计算。其工程内容包括：检查接线，干燥，系统调试。

（五）配管配线

1. 各种配管应区别不同敷设方式、敷设位置、管材材质、规格，以"延长米"为计量单位，不扣除管路中间的接线箱（盒）、灯头盒、开关盒所占长度。其工程内容包括：刨沟槽；钢索架设（拉紧装置安装）；支架制作、安装；电线管路敷设；接线盒（箱）、灯头盒、开关盒、插座盒安装；防腐油漆。

2. 管内穿线的工程量，应区别线路性质、导线材质、导线截面，以单线"延长米"为计量单位计算。线路分支接头线的长度已综合考虑在基价中，不得另行计算。其工程内容包括：支持体（夹板、绝缘子、槽板等），钢索架设（拉紧装置安装），支架制作、安装，配线，管内穿线。

照明线路中的导线截面大于或等于 $6mm^2$ 以上时，应执行动力线路穿线相应项目。

3. 动力配管混凝土地面刨沟工程量，应区别管子直径，以"延长米"为计量单位计算。

4. 灯具、明、暗开关、插座、按钮等的预留线，已分别综合在相应的基价内，不另行计算。配线进入开关箱、柜、板的预留线，按表 4-6 规定的长度，分别计入相应的工程量。

配线进入箱、柜、板的预留线（每一根线）　　　　　　　表 4-6

序　号	项　　　　目	预留长度	说　明
1	各种开关柜、箱、板	高＋宽	盘面尺寸
2	单独安装（无箱、盘）的铁壳开关、闸刀开关、启动器、母线槽进出线盒等	0.3m	以安装对象中心计算
3	由地面管子出口引至动力接线箱	1.0m	从管口计算
4	电源与管内导线连接（管内穿线与软、硬线接点）	0.2m	从管口计算
5	出户线	1.5m	从管口计算

（六）电气调整试验

1. 电气调试系统的划分以电气原理系统图为依据。电气设备元件的本体试验均包括在相应基价的系统调试内，不得重复计算。

2. 送配电设备系统调试，系按一侧有一台断路器考虑的，若两侧均有断路器时，则应按两个系统计算。

3. 送配电系统调试，适用于各种供电回路（包括照明供电回路）的系统调试。

（七）防雷接地

1. 接地极制作安装以"根"为计量单位，其长度按设计长度计算，设计无规定时，每根长度按 2.5m 计算。若设计有管帽时，管帽另按加工件计算。

2. 接地母线敷设，按设计长度以"米"为计量单位计算工程量。接地母线、避雷线敷设，均按延长米计算。其长度按施工图设计水平和垂直规定长度另加 3.9% 的附加长度（包括转弯、上下波动、避绕障碍物、搭接头所占长度）。计算主材费时应另增加规定的损耗率。

3. 接地跨接线以"处"为计量单位，按规程规定凡需作接地跨接线的工程内容，每跨接一次按一处计算，户外配电装置构架均需接地，每副构架按"一处"计算。

4. 避雷针的加工制作、安装，以"根"为计量单位，独立避雷针安装以"基"为计量单位。长度、高度、数量均按设计规定。独立避雷针的加工制作应执行"一般铁构件"制作基价或按成品计算。

5. 利用建筑物内主筋作接地引下线安装以每"10m"为计量单位，每一柱子内按焊接两根主筋考虑，如果焊接主筋数超过两根时，可按比例调整。

(八) 相关规定

1. 小电器包括：按钮、照明开关、插座、小型安全变压器、电风扇、继电器等。

2. 普通吸顶灯及其他灯具包括：圆球吸顶灯、半圆球吸顶灯、方形吸顶灯、软线吊灯、吊链灯、防水吊灯、壁灯等。

3. 工厂灯包括：工厂罩灯、防水灯、防尘灯、碘钨灯、投光灯、混光灯、高度标志灯、密封灯等。

4. 装饰灯包括：吊式艺术装饰灯、吸顶式艺术装饰灯、荧光灯艺术装饰灯、几何形组合艺术装饰灯、标志灯、诱导装饰灯、水下艺术装饰灯、点光源艺术灯、歌舞厅灯具、草坪灯具等。

三、实例工程量计算（图 4-1、图 4-2）

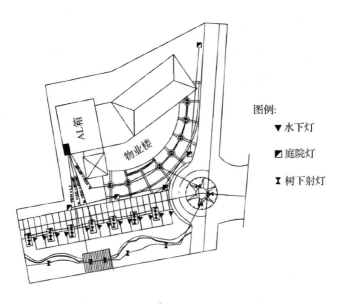

图 4-1　某小区景观照明平面图

室外电气照明工程

1. 控制柜　1800×1000×800　　$N=1$ 台
2. N_1 回路
电缆 $VV_{22}4×2.5$ 　　　　$L=172m$
N_2 回路
电缆 $VV_{22}5×6$ 　　　　$L=133m$
N_3 回路
电缆 $VV_{22}5×6$ 　　　　$L=131m$
N_4 回路
电缆 $VV_{22}5×6$ 　　　　$L=214m$
3. 灯具
水下灯　　　　　　　$N=13$ 个
树下射灯　　　　　　$N=29$ 个
庭院灯　　　　　　　$N=5$ 个
4. 挖土方　$V=16×0.45+16×0.153×2$
$+5×0.45+5×0.153+290×0.45=146m^3$
5. 铺砂盖砖　　　　　$L=311m$
6. 电缆终端头　　　　$N=4$ 个
工程量清单计价表见表4-7。

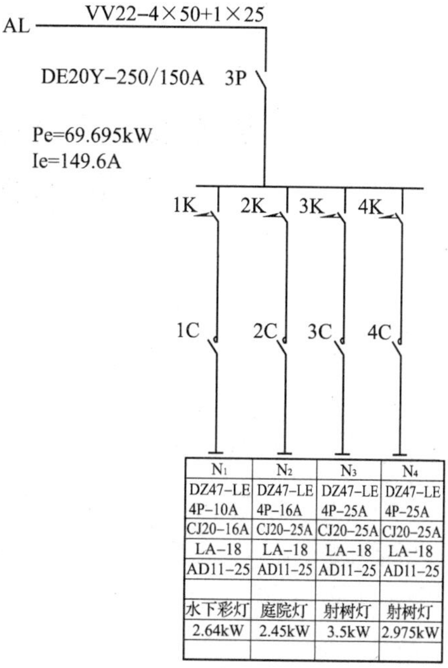

图 4-2　某小区景观照明系统图

工程量清单计价表　　　　　　　表 4-7

序号	项目编号	项目名称	单位	数量	综合单价/元	合价/元
1	030204018	控制柜安装 1800×1000×800	台	1	3866.45	3866
2	030208001	电缆敷设 $VV_{22}4×2.5$	m	172	25.12	4321
3	030208001	电缆敷设 $VV_{22}5×6$	m	478	16.27	7777
4	030208401	挖土方	m³	146	16.51	2410
5	030208401	电缆沟铺砂盖砖	m	311	11.21	3486
6	生项	混凝土基础	座	6	60	360
7	030213003	水下灯安装	套	13	367.86	4782
8	030213003	射树灯安装	套	29	530.24	15377
9	030213006	庭院灯安装	套	5	1300.4	6502
10	030208401	电缆终端头安装	个	4	93.36	373
11	030211002	系统调试	系统	1	211.18	211
12	合计					49465
13	含税工程造价					51152

注：其他费用计取略。

第五章　景观给水排水及喷泉灌溉
工程工程量清单的编制

一、相关知识介绍

（一）管道工程的分类

1. 一般工业与民用管道工程按工作介质和用途可分为工艺管道、给水排水、消防、采暖及燃气管道等工程。凡是在厂区范围内的车间、装置、站、罐区及其相互之间各种生产用介质输送以及厂区第一个连接管以内的生产用（包括生产与生活共用）给水、排水、蒸汽、煤气输送管道为工艺管道。凡是属于生活用给水排水燃气采暖热源管道都不属于工艺管道。

给水排水工程一般指生活用给水排水，可分为室内给水排水和室外给水排水工程。

采暖工程就是将热源产生的热量通过室外供热管网将热量输送到建筑物内的采暖系统，使室内温度达到人们从事正常生产和生活的舒适要求，按不同的载热体采暖工程分为热水采暖、蒸汽采暖、辐射采暖三种方式。

城市燃气工程要求安全性较高，工程中的发生设备比较复杂，工艺要求高，但其管道结构比较简单，施工部分与给水排水采暖工程基本相同，可分为燃气输送、燃气分配、支管和引入管、室内燃气管道四部分。

园林给水系统主要包括绿地喷灌工程、喷泉工程和排盐工程。

2. 管道管件按压力可分为公称压力、设计压力和工作压力三种。

（1）公称压力：公称压力是指管材 20℃时输水的工作压力。压力单位：MPa，单位符号用"PN"表示。

（2）设计压力：是指给水管道系统作用在管内壁上的最大瞬时压力，一般采用工作压力及残余水锤压力之和。单位符号用"PS"表示。

（3）工作压力：是指给水管道正常工作状态下作用在管内壁的最大持续运行压力，不包括水的波动压力。单位符号用"P"表示。

三者之间的关系：公称压力≥工作压力；

设计压力——1.5×工作压力；

工作压力由管网水力计算而得出。

3. 管道按照其连接方式分为丝扣式、焊接式、法兰式、承插式、热熔连接方式等。

（二）管材的特点及性能

园林绿化给水工程包括的管材种类很多，概括地说主要有金属管道和非金属管道。金属管道有铸铁管、焊接钢管、镀锌钢管、无缝钢管、不锈钢管，非金属管道有塑料管、预应力混凝土管、石棉水泥管。塑料管有聚氯乙烯管、聚乙烯管、改性聚丙烯管等。

1. 铸铁管：铸铁管分为给水铸铁管和排水铸铁管两种。材质宏观组织为灰口铸铁，易于切削和钻孔，化学成分 P≤0.2%，S≤0.1%，一般由含碳量在 1.7% 以上的灰口铸铁浇铸而成。灰口铸铁管噪声小，对冷热水和温差大的气候地区很适用，因其壁厚均匀、不老化、耐锈蚀、省工省力、维修方便、使用寿命长，与其他排水管比，较密封可靠、连接牢固。排水用柔性接口，铸铁管及管件具有良好的抗震性能，不会成为楼房火灾蔓延的导体，其防火性能极佳。力学性能：水压试验 $P \geq 0.3\text{MPa}$（$\approx 3\text{kgf/cm}^2$），抗拉强度≥140MPa。铸铁管的连接方式分为承插式和法兰式两种。

2. 球墨铸铁管：是以镁或稀土镁合金球化剂在浇铸前加入铁水中，使石墨球化，应力集中降低，使管材具有强度大、延伸率高、耐冲击、耐腐蚀、密封性好等优点；内壁采用水泥砂浆衬里，改善了管道输水环境、提高了供水能力、降低了能耗；管口采用柔性接口，且管材本身具有较大的延伸率（>10%），使管道的柔性较好，在埋地管道中能与管道周围的土体共同工作，改善管道的受力状态，从而提高了管网运行的可靠性。力学性能指标为：抗拉强度≥420MPa；抗弯强度≥590MPa；屈服点强度≥300MPa；布氏强度≤230。

3. 钢管：钢管分无缝钢管和焊接钢管两种，焊接钢管又分为黑铁管和镀锌管；按焊缝的形状可分为直缝钢管、螺旋缝钢管和碳钢板卷管；按其用途不同又分为水、煤气输送钢管；按壁厚又可分为薄壁管和加厚管。钢管是工业建设中用量最大的管材，钢管相比于其他传统管材，优点是材质较轻、强度高、韧性好、接头少和加工接口方便、可以承受较高的内压。缺点是内外防腐处理较麻烦，易生锈，寿命比铸铁管短，造价较高等。一般在穿越铁路、江河和地震地区以及要求管径过大、水压过高的地方使用。钢管一般采用焊接或法兰连接，小口径可用丝扣连接。普通钢管的工作压力不超过 1.0MPa，加强钢管的工作压力可达到 1.5MPa。

4. 不锈钢管：通俗地说，不锈钢就是不容易生锈的钢，实际上一部分不锈钢，既有不锈性，又有耐酸性（耐蚀性）。不锈钢的不锈性和耐蚀性是由于其表面上富铬氧化膜（钝化膜）的形成。这种不锈性和耐蚀性是相对的。试验表明，钢在大气、水等弱介质中和硝酸等氧化性介质中，其耐蚀性随钢中铬含量的增加而提高，当铬含量达到一定的百分比时，钢的耐蚀性发生突变，即从易生锈到不易生锈，从不耐蚀到耐腐蚀。不锈钢的分类方法很多。按室温下的组织结构分类，有马氏体型、奥氏体型、铁素体和双相不锈钢；按主要化学成分分类，基本上可分为铬不锈钢和铬镍不锈钢两大系统；按用途分则有耐硝酸不锈钢、耐硫酸不锈钢、耐海水不锈钢等；按耐蚀类型分可分为耐点蚀不锈钢、耐应力腐蚀不锈钢、耐晶间腐蚀不锈钢等；按功能特点分类又可分为无磁不锈钢、易切削不锈钢、低温不锈钢、高强度不锈钢等。由于不锈钢材具有优异的耐蚀性、成型性、相容性以及在很宽温度范围内的强韧性等一系列特点，所以在重工业、轻工业、生活用品行业以及建筑装饰等行业中获得了广泛的应用。

5. 塑料管：园林给水工程中常用的塑料管有硬聚氯乙烯管、交联聚乙烯管、聚丙烯管等。塑料管具有重量轻、抗震性好、耐磨、耐腐蚀、安装方便、使用寿命长、内壁光滑、水力性能好等优点，可输送多种酸、碱、盐及有机溶剂。但受温度影响大，易变形、变脆，工作压力不稳定，膨胀系数较大。

6. 钢筋混凝土管：钢筋混凝土管分预应力钢筋混凝土管和自应力钢筋混凝土管两种。主要用于输水管道，管道连接采取承插接口，用橡胶圈密封。预应力钢筋混凝土管适用的压力范围 0.4～1.2MPa，自应力钢筋混凝土管适用的压力范围 0.4～1.0MPa。钢筋混凝土具有抗腐蚀性能好，使用寿命长，输送水质不变等特点。由于采用柔性接头，不需打口和焊接，因此操作方便，劳动强度低，安装快捷，节省费用。但自重大，质脆，耐冲击性差，价格高。

另外还有混凝土排水管，包括素混凝土管和轻、重型钢筋混凝土管。

7. 石棉水泥管：石棉水泥管价格较便宜、重量较轻、耐腐蚀、使用寿命长。石棉水泥管一般用80％的水泥和20％的石棉纤维混合后制成。它的质地较脆、不易运输、不耐冲击、质地不均匀，使用时应采用较大的安全系数。

（三）管件和紧固件

当管道需要连接、分支、转弯、变径时，就需要用管件来解决，对不同的管道需要采取不同的管件。常用的管件有三通、弯头、四通、管箍、异径管、法兰、活接头、外丝等。

1. 焊接管件

（1）弯头：可以是采用与管道同材质的板材用模具冲压成半块环形弯头，然后组对焊接成型。也可以用管材下料，经组对焊接成型。还可在加工厂用钢板下料，切割后卷制焊接成型，这种弯头多与钢板卷管配套。弯头有 90°和 45°两种。其弯曲半径为公称直径的一倍半（$r=1.5DN$），在特殊场合下也有为一倍的（$r=1DN$）。

（2）三通：定型三通的制作是以优质管材为原料，经下料、挖眼、加热后用模具拔制而成，再经机加工，成为定型成品三通。三通有等径三通和异径三通。

（3）异径管：异径管又称大小头，当管道发生变径时就要使用异径管。异径管分同心和偏心两种，偏心异径管的底部有一直边，能使管底成为一个水平面。

2. 铸铁管件

铸铁管件品种比较多，常用的给水排水铸铁管件有弯头、三通、四通、异径管、短管甲和短管乙等。

3. 螺纹管件

螺纹管件是最常见的管件，主要用于采暖、给水排水、煤气管道上。螺纹管件包括弯头、三通、异径管、活接头、外丝等。有镀锌和不镀锌两种。

4. 不锈钢管件

不锈钢管件具有外表美观、耐腐蚀性好、使用介质广泛、密封性好、容易使用等特点。常用的不锈钢管件有弯头、三通、异径管、外牙六角接头、活接头等。

5. 除上述的金属管件外还有其他的非金属材料管件，如一些塑料管件。在金属管件中还有封头和盲板，封头是用于管端起封闭作用的堵头，盲板的作用是把管道内介质切断。

6. 法兰、螺栓及垫片

管道与管道、管道与设备或管道与阀门之间常用法兰来连接。采用法兰连接密封性比较强而且安装拆卸方便，便于维修。法兰按照结构形式可分为平焊法兰和对焊法兰，按照压力不同可分为低压法兰、中压法兰和高压法兰。法兰按连接方式可分为焊接法兰和螺纹法兰。

（1）平焊法兰：平焊法兰与管道连接时，先将法兰套在管口端，然后再焊接法兰的里口和外口，使法兰固定，再将两片法兰中垫上垫片用螺栓加固。平焊法兰适用于管道压力等级在 2.5MPa 以内。

（2）对焊法兰：对焊法兰可分为凹凸式密封面对焊法兰、光滑式对焊法兰、榫槽密封面对焊法兰、梯形槽式密封面对焊法兰。上述各种形式的密封对焊法兰只是密封面的形式不同，但法兰的安装方式是相同的而且还都具有承受压力大、密封性强、不易变形的特点。

（3）螺纹法兰：螺纹法兰的特点就是安装比较方便。除特殊情况外，现已基本不再使用。

（4）螺栓及垫片：用于法兰连接的螺栓有单头螺栓和双头螺栓两种。法兰垫片有石棉垫片、橡胶垫片、金属垫片等，是起密封作用的材料。

（四）常用阀门

阀门是控制管道内流体流动及调节管道内的水量和水压的重要设备。它可以开闭、调节，维持一定的压力，阀门一般都安装在分支管处、穿障碍物和过长的管线上。阀门的口径一般与管径相同。由于阀门的功能和结构不同，可分为闸阀、截止阀、蝶阀、止回阀、减压阀、疏水器、电磁阀、安全阀、球阀等许多类型。给水管路一般用闸阀和蝶阀。

1. 阀门的型号表示方法

（1）阀门型号各单元表示的意义

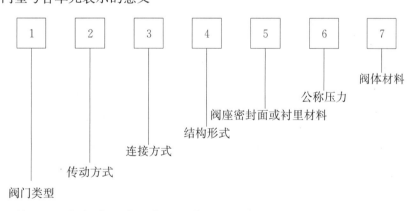

（2）第一单元——阀门类型表示方法（表 5-1）

阀门类型表示方法   表 5-1

类型	闸阀	截止阀	节流阀	球阀	蝶阀	隔膜阀	旋塞阀	止回阀和底阀	安全阀	减压阀	疏水阀
代号	Z	J	L	Q	D	G	X	H	A	Y	S

注：用于低温、保温和带波纹管的阀门，应在类型代号前分别加注代号 D、B 和 W。

（3）第二单元——传动方式表示方法（表5-2）

传动方式表示方法 表5-2

传动方式	电磁动	电磁-液	电-液	蜗轮	正齿轮	伞齿轮	气动	液动	气-液	电动
代号	O	J	L	Q	D	G	X	H	A	Y

（4）第三单元——连接方式表示方法（表5-3）

连接方式表示方法 表5-3

连接形式	内螺纹	外螺纹	法兰	焊接	对夹	卡箍	卡套	备 注
代 号	1	2	4	6	7	8	9	焊接，包括对焊和插焊

（5）第四单元——结构形式表示方法
① 闸阀结构形式表示方法（表5-4）

闸阀结构形式表示方法 表5-4

结构形式	明 杆					暗 杆	
	楔 式			平 行 式		楔 式	
	弹性闸板	刚 性		刚 性		刚 性	
		单闸板	双闸板	单闸板	双闸板	单闸板	双闸板
代 号	0	1	2	3	4	5	6

② 截止阀和节流阀结构形式表示方法（表5-5）

截止阀和节流阀结构形式表示方法 表5-5

结构形式	直通式	角式	直流式	平 衡	
				直通式	角式
代 号	1	4	5	6	7

③ 球阀结构形式表示方法（表5-6）

球阀结构形式表示方法 表5-6

结构形式	浮 动			固 定
	直通式	三 通 式		直通式
		L 型	T 型	
代 号	1	4	5	7

④ 蝶阀结构表示方法（表5-7）

蝶阀结构表示方法 表 5-7

结构形式	杠杆式	垂直式	斜板式
代 号	0	1	3

⑤ 隔膜阀结构形式表示方法（表5-8）

隔膜阀结构形式表示方法 表 5-8

结构形式	屋脊式	截止式	闸板式
代 号	1	3	7

⑥ 旋塞阀结构形式表示方法（表5-9）

旋塞阀结构形式表示方法 表 5-9

结构形式	填 料			油 封	
	直通式	T 型三通式	四通式	直通式	T 型三通式
代 号	3	4	5	7	8

⑦ 止回阀和底阀结构形式表示方法（表5-10）

止回阀和底阀结构形式表示方法 表 5-10

结构形式	升 降		旋 启		
	直通式	立式	单瓣式	多瓣式	双瓣式
代 号	1	2	4	5	6

⑧ 疏水阀结构形式表示方法（表5-11）

疏水阀结构形式表示方法 表 5-11

结构形式	浮动式	钟形浮子式	脉冲式	热动力式
代 号	1	5	8	9

⑨ 安全阀结构形式表示方法（表5-12）

安全阀结构形式表示方法 表 5-12

结构形式	弹 簧 式									脉冲式
	封 闭				不 封 闭					
						带扳手				
	带散热片全启式	微启式	全启式	带扳手全启式	双弹簧微启式	微启式	全启式	微启式	带控制机构全启式	
代 号	0	1	2	3	4	5	6	7	8	9

注：杠杆式安全阀，在上述结构形式代号前加注代号 G。

⑩ 减压阀结构形式表示方法（表5-13）

减压阀结构形式表示方法　　　　　　　　　　　　　表5-13

结构形式	薄膜式	弹簧薄膜式	活塞式	波纹管式	杠杆式
代号	1	2	3	4	5

（6）第五单元——阀座密封面或衬里材料表示方法（表5-14）

阀座密封面或衬里材料表示方法　　　　　　　　　表5-14

阀座密封面或衬里材料	代号	阀座密封面或衬里材料	代号	阀座密封面或衬里材料	代号
铜合金	T	巴氏合金	B	氟塑料	F
合金钢	H	硬质合金	Y	衬胶	J
渗氮钢	D	橡胶	X	衬铅	Q
渗硼钢	P	尼龙塑料	N	搪瓷	C

注：1. 由阀体直接加工的阀座密封面材料代号用"W"表示。

2. 当阀座和阀瓣（闸板）密封面材料不同时，用低硬度材料代号表示（隔膜阀除外）。

（7）第六单元——公称压力表示法

公称压力，直接用压力数值表示，并用短横线与前五个单元分开。

（8）第七单元——阀体材料表示方法（表5-15）

阀体材料表示方法　　　　　　　　　　　　　　表5-15

阀体材料	代号	阀体材料	代号	阀体材料	代号
灰铸铁	Z	铜合金	T	铬镍钛耐酸钢	P
可锻铸铁	K	碳素钢	C	铬镍钼钛耐酸钢	R
球墨铸铁	Q	铬钼耐热钢	L	铬钼钒合金钢	V

注：对于公称压力 $PN \leqslant 16\mathrm{kg/cm^2}$ 的灰铸铁阀体和 $PN \geqslant 25\mathrm{kg/cm^2}$ 的碳素钢阀体，省略本单元。

（9）型号举例

J11T—16K：表示截止阀，内螺纹连接，直通式，铜合金密封面，公称压力＝$16\mathrm{kg/cm^2}$，阀体材料为可锻铸铁。

J41T—16Z：表示截止阀，法兰连接，直通式，铜合金密封面，公称压力＝$16\mathrm{kg/cm^2}$，阀体材料为灰铸铁。

Z942W—1Z：电动机传动、法兰连接、明杆楔式双闸板、阀座密封面材料由阀体直接加工，公称压力 $PN0.1\mathrm{MPa}$，阀体材料为灰铸铁的闸阀。

D741X—2.5Z：液动、法兰连接、垂直板式、阀座密封面材料为铸铜，阀瓣密封面材料为橡胶，公称压力 $PN0.25\mathrm{MPa}$，阀体材料为灰铸铁的蝶阀。

2. 阀门的性能及用途

(1) 截止阀：装于管路或设备上，用以启闭管路中的介质，是应用比较广泛的一种阀门。主要用于热水供应及高压水蒸气管路中。它结构简单，严密性较高，制造和维修方便，阻力较大。安装时要注意流体"低进高出"，方向不能装反。角式截止阀适用于管路成 90° 相交处。结构比较简单，制造、维修方便，也可以调节流量，应用广泛。

(2) 闸阀：装于管路上作启闭（主要是全开、全闭）管路及设备中介质用。其特点是利用闸板的升降控制开闭的阀门，流体通过阀门时流向不变，因此阻力小。其中暗杆闸阀的阀杆还作升降运动，适用于高度受限制的地方。明杆闸阀的阀杆作升降运动，只能适用于高度不受限制的地方。闸阀和截止阀相比，在开启和关闭时闸阀省力，水阻力较小，阀体比较短。闸阀没有安装方向，但不宜单侧受压，否则不易开启。

(3) 旋塞阀：又称考克式转心门。装于管路上，用以启闭管路中介质，其特点是构造简单，开关迅速，旋转 90° 就全开或全关，阻力小，但保持其严密性比较困难。三通旋塞阀装于 T 型管路上，除作为管路开关设备用外，还具有分配、换向的作用。旋塞阀通常用于温度和压力不高的管路上。热水龙头也属于旋塞阀的一种。

(4) 底阀：一种专用的止回阀，装于水泵的进水管末端，用以阻止水中杂物进入进水管中和阻止进水管中的水倒流。

(5) 止回阀：又称单流阀或逆止阀。它是一种根据阀瓣前后的压力差而自动启闭的阀门。装于水平管路或设备上，以阻止管路、设备中介质倒流。如用于水泵出口的管路上作为水泵停泵时的保护装置。

(6) 球阀：装于管路上，多用于开关控制喷头。其结构简单、重量轻、阻力小。

(7) 安全阀：安全阀分为弹簧式和杠杆式两种。装于设备或管路上，当设备或管路内的介质压力超过规定值时，阀即自动开启，使设备或管路中的介质向外排放，从而使压力下降；当压力降到规定值时，阀即自动关闭，并保证密封，以保护设备安全运行，如压力超过规定时，而阀未能自动开启，可拉动阀上的扳手，以迫使阀开启。

(8) 减压阀：能自动将管路内的介质压力降低到规定的数值，并使之保持不变。减压阀的进出口一般伴装截止阀。

(9) 水表：水表是一种计量建筑物或设备用水量的仪表。按照叶轮构造不同，分为旋翼式和螺翼式两种。旋翼式水表按计数所处状态又分为干式和湿式两种。湿式旋翼式水表按材质又分为塑料表和金属表等。旋翼式水表的阻力较大，因为它的叶轮转轴与水流方向垂直，造成它的起步流量和计量范围较小，多为小口径水表。湿式旋翼式水表比干式旋翼式水表的阻力要小，应用较广泛。干式水表的计数机件和表盘与水隔开，而湿式水表的计数机件和表盘浸没在水中，机件较简单，但只能用于水中无固体杂质的横管上。旋翼式干式水表的特点是磁性流动、计数器采用真空密封防冷凝雾化，可长期保持读数清晰、防磁。它的示值误差值为在从包括 q_{min} 在内到不包括 q_t 的低区中的最大误差为 $\pm 5\%$，在从包括 q_t 在内到包括 q_s 的高区中的最大允许误差为 $\pm 2\%$。使用条件是工作水温不超过 50℃，工作压力不大于 1MPa。螺翼式水表依其转轴方向又分为水平螺翼式和垂直螺翼式两种，前者又分为干式和湿式两类，但后者只有干式一种，具有流通能力大、体积小、重量轻、结构紧凑、价格低廉等优点。水表应安装在便于查看、不受暴晒、不致冻结和不受污染的地方。水表在安装时，要注意表外壳上所示的箭头方向与水流方向应保持一致，水表前后都需装检修阀门，以便拆换和检修水表时切断水源。对于不允许断水或设有消防给水系统的，可在设备旁设旁通管路。

（五）几种常用水泵的性能特点

园林工程中常用的水泵主要有离心式水泵和潜水泵两种，离心泵分为单级离心泵和多级离心泵两种，其特点是依靠泵内的叶轮旋转所产生的离心力将水吸入并压出。离心式水泵结构简单、体积小、重量轻、吸程高、耗电低，扬程选择范围大，使用维修方便。潜水泵具有使用方便、安装简便、不占地等特点。水泵的型号是按流量、扬程、尺寸来划分的。

（六）管道安装与铺设

管道安装包括铺设、水冲洗、水压试验等全部操作过程。下面分别介绍管道安装的主要方法及注意事项。

硬聚氯乙烯管材或管件在粘合前应将承口内侧和插口外侧擦拭干净，无尘砂与水迹。当表面沾有油污时，应采用清洁剂擦净。管材应根据管件实测承口深度在管端表面划出插入深度标记。胶黏剂涂刷应先涂管件承口内侧，后涂管材插口外侧。插口涂刷应为管端至插入深度标记范围内。胶黏剂涂刷应迅速、均匀、适量，不得漏涂。承插口涂刷胶黏剂后，应即找正方向将管子插入承口，施压，使管端插入至预先划出的插入深度标记处，并再将管道旋转90°。管道承插过程不得用锤子击打。承插接口粘接后，应将挤出的胶黏剂擦净。粘接后承插口的管段，根据胶黏剂的性能和气候条件，应静置至接口固化为止。

埋地管铺设时首先要按设计图纸上的管道布置，确定标高并放线，经复核无误后，开挖管沟至设计要求深度，按设计标高和坡度铺设埋地管道，然后还要作灌水试验，合格后作隐蔽工程验收。埋地管道的管沟底面应平整，无突出的尖硬物。宜设厚度为100～150mm砂垫层，垫层宽度不应小于管外径的2.5倍，其坡度应与管道坡度相同。管沟回填土应采用细土回填至管顶以上至少200mm处，压实后再回填至设计标高。当埋地管穿越基础做预留孔洞时，应配合土建按设计的位置与标高进行施工。当设计无要求时，管顶上部净空不宜小于150mm。埋地管穿越地下室外墙时，应采取防水措施。

钢管铺设采用螺纹连接时，管节的切口断面应平整，偏差不得超过一扣，丝扣应光洁，不得有毛刺、乱丝、断丝，缺丝总长不得超过丝扣全长的10%。接口紧固后宜露出2～3扣螺纹。管网布置应排列有序，整齐美观。所用的管线都要有不小于2‰的坡度，管道连接要严密，安装必须牢固。所用的管道还要做防腐处理，在运输、下管时应采取相应的措施保护防腐层。管道防腐的具体做法见表5-16、表5-17。

铸铁、球墨铸铁管安装时管及管件表面不得有裂纹，管及管件不得有妨碍使用的凹凸不平的缺陷；采用橡胶圈柔性接口的铸铁、球墨铸铁管，承口的内工作面和插口的外工作面应光滑、轮廓清晰，不得有影响接口密封性的缺陷；铸铁管、球墨铸铁管及管件的尺寸公差应符合现行国家产品标准的规定。管及管件下沟前，应清除承口内部的油污、飞刺、铸砂及凹凸不平的铸瘤；柔性接口铸铁管及管件承口的内工作面、插口的外工作面应修整光滑，不得有沟槽、凸脊缺陷；有裂纹的管及管件不得使用。

石油沥青涂料外防腐层构造　　　　　　　　　　　　　　　　表 5-16

材料种类	三油二布		四油三布		五油四布	
	构造	厚度/mm	构造	厚度/mm	构造	厚度/mm
石油沥青涂料	1. 底漆一层 2. 沥青 3. 玻璃布一层 4. 沥青 5. 玻璃布一层 6. 沥青 7. 聚氯乙烯工业薄膜一层	≥4.0	1. 底漆一层 2. 沥青 3. 玻璃布一层 4. 沥青 5. 玻璃布一层 6. 沥青 7. 玻璃布一层 8. 沥青 9. 聚氯乙烯工业薄膜一层	≥5.5	1. 底漆一层 2. 沥青 3. 玻璃布一层 4. 沥青 5. 玻璃布一层 6. 沥青 7. 玻璃布一层 8. 沥青 9. 玻璃布一层 10. 沥青 11. 聚氯乙烯工业薄膜一层	≥7.0

环氧煤沥青涂料外防腐层构造　　　　　　　　　　　　　　　　表 5-17

材料种类	二油		三油一布		四油二布	
	构造	厚度/mm	构造	厚度/mm	构造	厚度/mm
环氧煤沥青涂料	1. 底漆 2. 面漆 3. 面漆	≥0.2	1. 底漆 2. 面漆 3. 玻璃布 4. 面漆 5. 面漆	≥0.4	1. 底漆 2. 面漆 3. 玻璃布 4. 面漆 5. 玻璃布 6. 面漆 7. 面漆	≥0.6

（七）阀门安装

在安装前应先核对所用阀门的型号、规格是否符合设计要求。阀门本体及填料、垫片等的材质必须符合国家有关产品标准规定。阀门必须有产品合格证和制造厂的铭牌。铭牌上应标明公称压力、公称通径、工作温度及工作介质。还应对阀门逐个进行外观检查和动作检查，其质量应符合以下规定：

1. 外表不得有裂纹、砂眼、机械损伤、锈蚀等缺陷和缺件、脏污、铭牌脱落及色标不符等情况。阀体上的有关标志应正确、齐全、清晰，并符合相应标准规定。

2. 阀体内应无积水、锈蚀、脏污和损伤等缺陷，法兰密封面不得有径向沟槽及其他影响密封性能的损伤。阀门两端应有防护盖保护。

3. 球阀和旋塞阀的启闭件应处于开启位置。其他阀门的启闭件应处于关闭位置，止回阀的启闭件应处于关闭位置并作临时固定。

4. 阀门的手柄或手轮应操作灵活轻便，无卡涩现象。止回阀的阀瓣或阀芯应动作灵活正确，无偏心、移位或歪斜现象。

5. 旋塞阀的开闭标记应与通孔方位一致。装配后塞子应有足够的研磨余量。

6. 主要零部件如阀杆、阀杆螺母、连接螺母的螺纹应光洁，不得有毛刺、凹疤与裂纹等缺陷，外露的螺纹部分应予以保护。

检查合格后还应对阀门进行压力试验和密封性试验，不合格的阀门不能安装。阀门安装应按阀门的指示标记及介质流向，确定其安装方向。法兰或螺纹连接的阀门应在关闭状态下安装，对焊阀门在焊接时不应关闭，对于承插式阀门还应在承插端头留有 1.5mm 的间隙。对焊阀门与管道连接的焊缝宜采用氩弧焊打底，防止焊接时焊渣等杂物掉入阀体内。法兰连接的阀门，在安装时应对法兰密封面及密封垫片进行外观检查，不得有影响密封性能的缺陷存在。与阀门连接的法兰应保持平行，其偏差不应大于法兰外径的 1.5/1000，且不大于 2mm，严禁用强紧螺栓的方法消除歪斜。与阀门连接的法兰应保持同轴，其螺栓孔中心偏差不应超过孔径的 5%，以保证螺栓自由穿入。法兰连接时，应使用同一规格的螺栓，并符合设计要求。紧固螺栓时应对称均匀，松紧适度，紧固后外露螺纹应为 2~3 扣。螺栓紧固后，应与法兰紧贴，不得有隙缝。需加垫圈时，每个螺栓每侧不应超过一个。法兰垫片尺寸的选择应正确，并符合设计要求。

(八) 管道的水压试验及水冲洗

管道安装完毕后，为了检查管道承受压力的情况和各个连接部位的严密性，要给管道做系统强度试验和气密性试验。管道压力试验按照所用的介质，分为液压试验和气压试验。液压试验一般用清洁的水做试验。管道应分段进行水压试验，每个试验管段的长度不宜大于 1km，非金属管道应短些。试验管段的两端均应以管堵封住，并加以支撑撑牢，以免接头撑开发生意外。埋设在地下的管道必须在管道基础检查合格且回填土不小于 0.5m 后进行水压试验。架空、明装及安装在地沟内的管道，应在外观检查合格后进行试验。

1. 水压试验的方法和要求

(1) 试压前的准备工作。安装的试验用临时注水、排水管线；在试验管道系统的最高点和管道末端安装排气阀；在管道的最低处安装排水阀；压力表应安装在最高点，试验压力以此表为准。

(2) 管道上已安装好的阀门及仪表，如不允许与管道同时进行水压试验时，应先将阀门和仪表拆下，阀门所占长度用临时短管相连；管道与设备相连接的法兰中间要加盲板，使整个试验的管道成封闭状态。

(3) 向管内注水，注水时要打开排气阀，当发现管道末端的排气阀流水时，立即把排气阀关闭，等全系统管道最高点的排气阀也见到流水时，说明水已经全系统注满了，把最高点排气阀也关好。对全系统管道进行检查，如没明显的漏水现象就可升压了。升压时应缓慢进行，达到规定的试验压力以后，停压 10min，经检查无泄漏、目测管道无变形为合格。

（4）试验合格的管道要把管道内的水放掉。放水前先打开管道最高点的排气阀，再打开排水阀，把水放入排水管道。最后拆除试验用临时管道和连通管及盲板，拆下的阀门及仪表复位，上好所有法兰，填写好管道系统试验记录。

2. 管道水冲洗

给水管道试压合格后，应分段连通，进行冲洗，用以清除管道内的锈蚀物或其他污物。冲洗管道接口应严密，并设有闸阀、排气管和放水阀等。冲洗水在管内的流速，不应小于 1.5m/s，排放管的截面积不宜小于被冲洗管截面积的 60%，以保证排放管道的畅通和安全。冲洗时应尽量避开用水高峰时间，不能影响周围的正常用水。冲洗应连续进行，直至检验合格后停止冲洗。

（九）喷泉工程

喷泉是人们为了造景需要而建造在园林、城市街道广场和公共建筑中具有装饰性的喷水装置。它对城市环境具有多种价值，不仅能湿润周围的空气、清除尘埃，而且能通过水珠与空气的撞击产生大量对人体有益的负氧离子，增进人的身体健康；同时，婀娜多姿的喷泉造型，随着音乐欢快跳动的水花，配上色彩纷呈的灯光，既能美化环境、改善城市文化艺术面貌，又能使人精神振奋，给人以美的享受。喷泉从其外形可分为水泉和旱泉，其类型有普通装饰性喷泉、与雕塑结合的喷泉、水雕塑、自控喷泉，控制方式可分为手控、程控、声控。水姿多样，富于变换，可创造无穷意境。因此，喷泉在建筑、园林、旅游事业中，受到了广泛的重视。喷泉一般都采用自循环方式。进水管的设计要求在较短时间内能充满水池。管路与潜水泵应贯彻结构紧凑、独立供水的原则，以便设备布局和系统调试与控制。喷泉的色彩来自两种光源，一种是水下彩色光源，另一种是水面外的投射光源。水下光源安装在喷头附近的水面下，投射光源则根据水形与流向确定其安装位置和照射方向。喷泉系统的控制方式通常有手动控制、程序控制和音乐控制三种。手动控制喷泉缺乏变化，但成本低廉。程序控制喷泉有丰富的水形变化。音乐控制喷泉采用无级调速控制，将音乐与水形变化完美结合，同时给人以视觉和听觉的享受。喷泉主要分为以下几类：

音乐喷泉：由电脑控制声、光及喷孔组合而产生不同形状与色彩，并且配合音乐节奏。

程控喷泉：程控的特点是需要针对每一个乐曲编程。

雕塑喷泉：雕塑本已是一种很形象的艺术，若配以活水，则会呈现另一番情趣；

旱池喷泉：喷泉设置在地下，表面饰以光滑美丽的石材，可铺设成各种图案和造型。

壁　　泉：人工堆叠的假山或自然形成的陡坡壁面上有水流过，形成壁泉。

涌　　泉：水由下向上冒出，不作高喷，称为涌泉。

泳池喷泉：在泳池内设置的喷泉，具有活水、清新空气、嬉戏等功能。

室内喷泉：娱乐场、酒店、居家等配的装饰性喷泉，给人以高雅、素美之感。

其他喷泉：包括水幕电影、子弹喷泉、时钟喷泉、鼠跳泉、游戏喷泉、乐谱喷泉……

（1）喷泉工程图例（图 5-1～图 5-9）

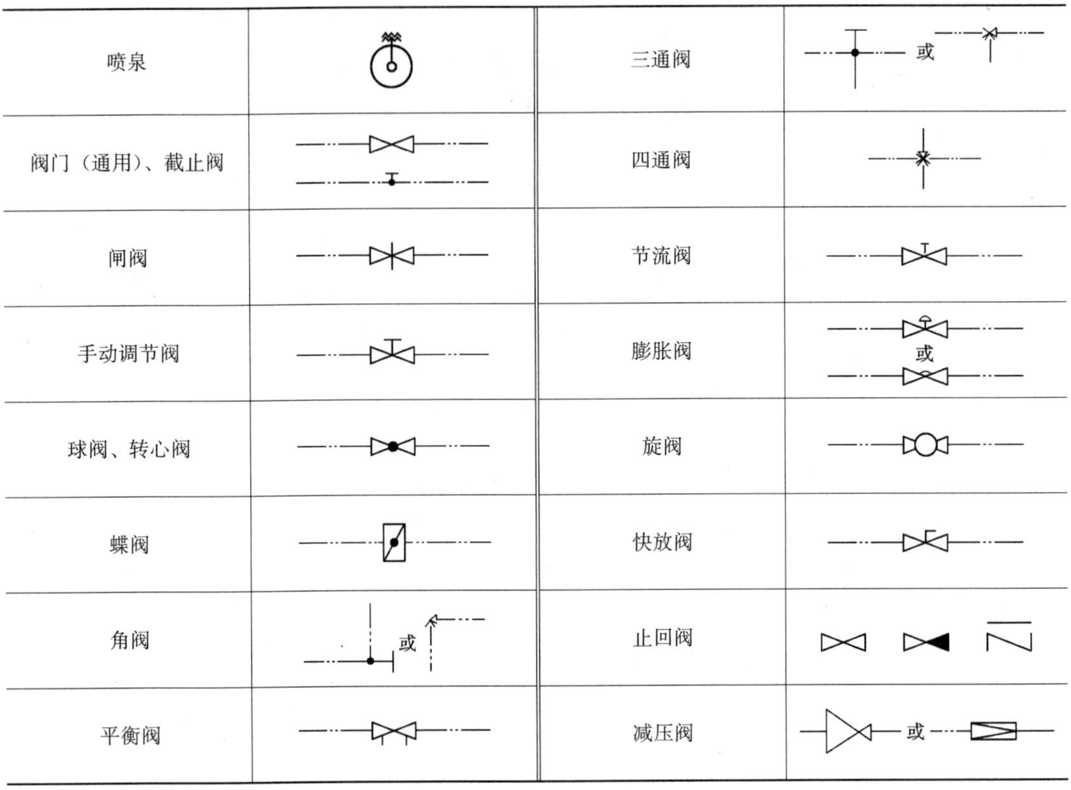
喷泉
三通阀
或
阀门（通用）、截止阀
四通阀
闸阀
节流阀
手动调节阀
膨胀阀
或
球阀、转心阀
旋阀
蝶阀
快放阀
角阀
或
止回阀
平衡阀
减压阀
或

图 5-1　喷泉工程图例 1

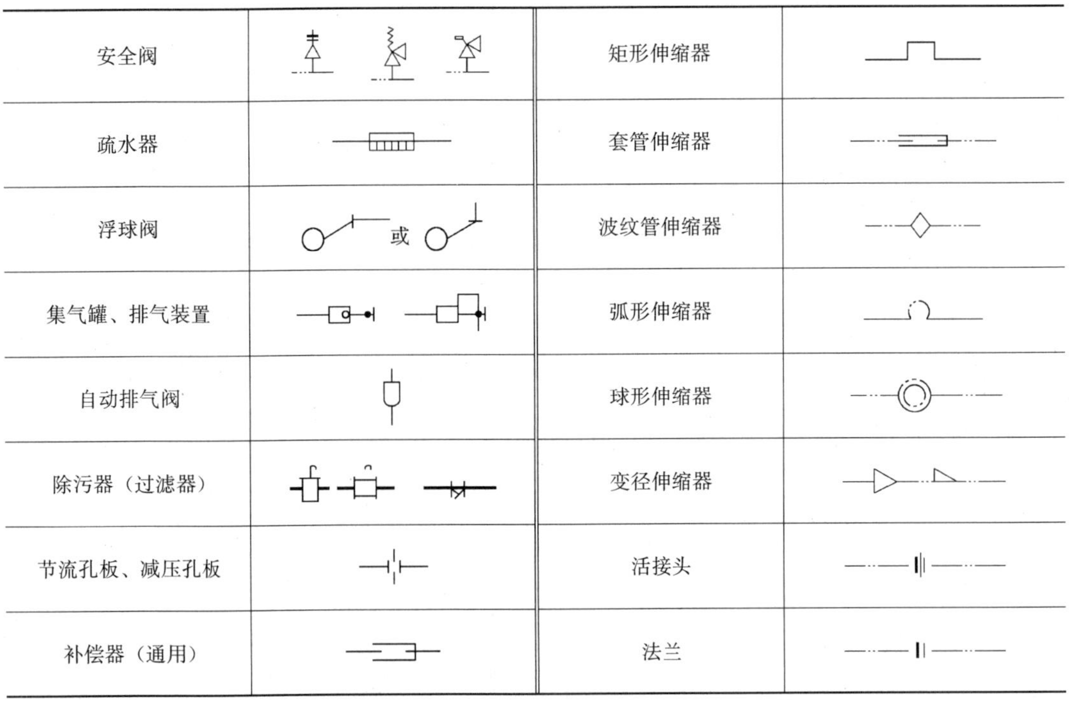
安全阀
矩形伸缩器
疏水器
套管伸缩器
浮球阀
或
波纹管伸缩器
集气罐、排气装置
弧形伸缩器
自动排气阀
球形伸缩器
除污器（过滤器）
变径伸缩器
节流孔板、减压孔板
活接头
补偿器（通用）
法兰

图 5-2　喷泉工程图例 2

法兰盖	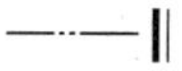	介质流向	
丝堵		坡度及坡向	 0.003 或 0.003
可曲挠橡胶软接头		套管补偿器	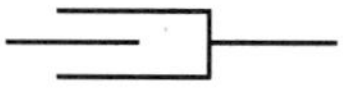
金属软管		方形补偿器	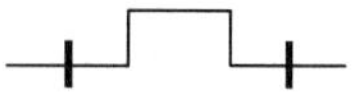
绝热管		刚性防水套管	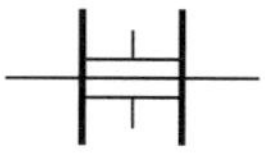
保护管套	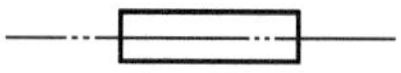	柔性防水套管	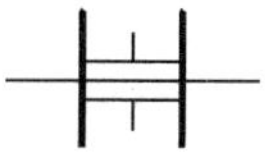
伴热管	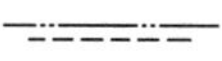	波纹管	
固定支架	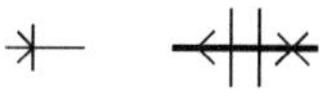	可曲挠橡胶接头	

图 5-3 喷泉工程图例 3

管道固定支架		通气帽	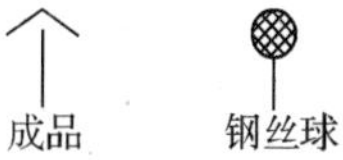 成品 钢丝球
管道滑动支架		雨水斗	 YD- 平面 YD- 系统
立管检查口		排水漏斗	 平面 系统
水泵	 平面 系统	圆形地漏	
潜水泵		方形地漏	
定量泵		自动冲洗水箱	
管道泵		挡墩	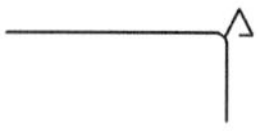
清扫口	 平面 系统	减压孔板	

图 5-4 喷泉工程图例 4

除垢器		圆形螺栓孔		
水锤消除器	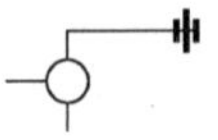	长圆形螺栓孔		
浮球液位器	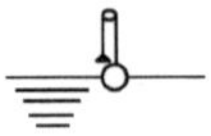	电焊铆钉		
搅拌器	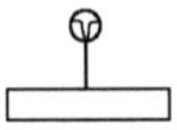	偏心异径管		
永久螺栓	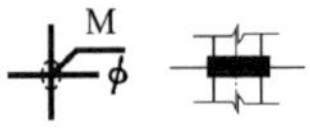	异径管		
高强螺栓	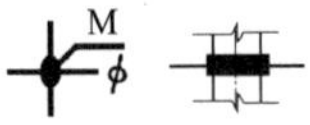	乙字管		
安装螺栓	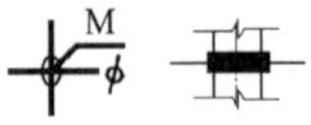	喇叭口		
膨胀螺栓	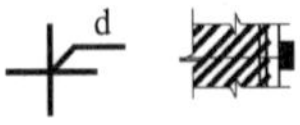	转动接头		

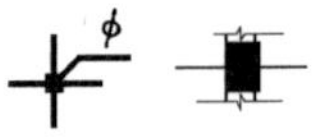

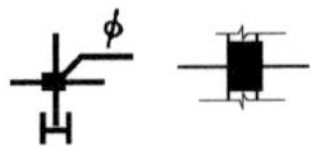

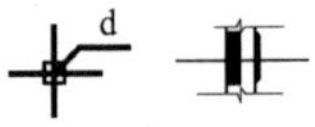

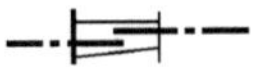

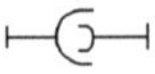

图 5-5　喷泉工程图例 5

短管	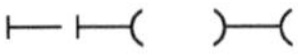	闸阀	
存水弯		角阀	
弯头		三通阀	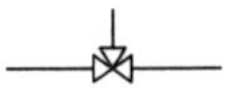
正三通	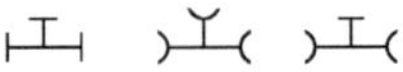	四通阀	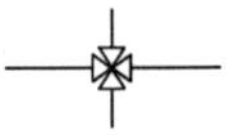
斜三通		截止阀	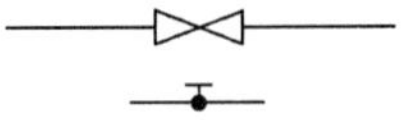
正四通	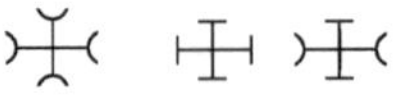	电动阀	
斜四通	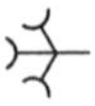	液动阀	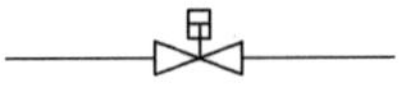
浴盆排水件		气动阀	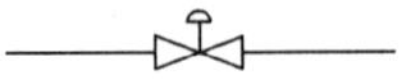

图 5-6　喷泉工程图例 6

减压阀	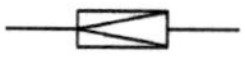	压力调节阀	
旋塞阀	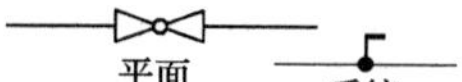 平面　系统	电磁阀	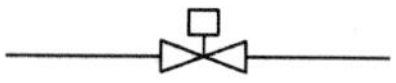
底阀		止回阀	
球阀		消声止回阀	
隔膜阀		蝶阀	
气开隔膜阀		弹簧安全阀	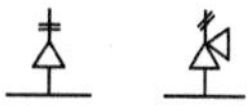
气闭隔膜阀		平衡锤安全阀	
温度调节阀		自动排气阀	平面　系统

图 5-7　喷泉工程图例 7

浮球阀	 平面　系统	法兰堵盖	
延时自闭冲洗阀		弯折管	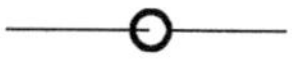
吸水喇叭口	 平面　系统	三通连接	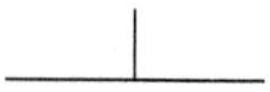
疏水阀		四通连接	
法兰连接	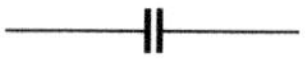	盲板	
承插连接	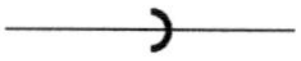	管道丁字上接	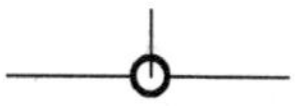
活接头	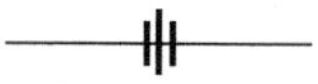	管道丁字下接	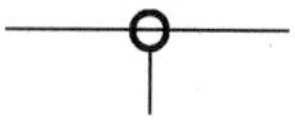
管堵		管道交叉	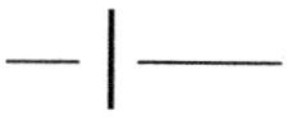

图 5-8　喷泉工程图例 8

温度计	 ⊤	温度传感器	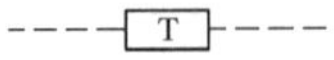 - - - T - - -
压力表	 ⊘	压力传感器	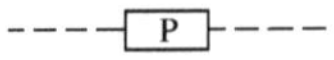 - - - P - - -
自动记录压力表	 ⊘	pH 值传感器	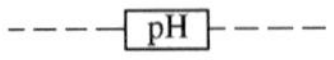 - - - pH - - -
压力控制器	 ⊘	酸传感器	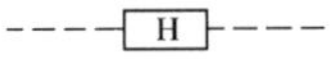 - - - H - - -
水表	 ⊘	碱传感器	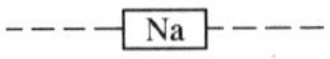 - - - Na - - -
自动记录流量计	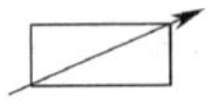	氯传感器	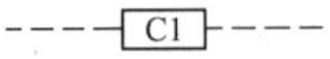 - - - Cl - - -
转子流量计	 ◎		
真空表	 ⊚		

图 5-9　喷泉工程图例 9

（2）喷水池：喷水池的尺寸与规模主要取决于它的功能，应根据周围的环境和设计需要而定。喷水池一般多设于建筑广场的轴线焦点、端点和花坛群中，所在地理位置的风向、风力、气候、温度等对喷水池影响极大，直接影响了喷水池的面积和形状。喷水池的平面尺寸除满足喷头、管道、水泵、进水口、泄水口、溢水口、吸水坑等布置要求外，还应防止水在设计风速下，水滴不致被风大量地吹出池外，所以喷水池的尺寸比设计要求每边再加大 0.5~1m，在此基础上还应注意将其安置在避风的环境中，以免大风吹袭，喷泉水形被破坏和落水被吹出池外。还可以在庭院中、门的两侧、空间转折处等做一些喷泉小景，灵活布置，自由地装饰室内外空间。

喷水池的深度应根据管道、设备的布置要求决定，如用潜水泵供水，吸水池的有效容积不得小于最后一台水泵 3min 的出水量。还应保证吸水口的淹没深度不小于 0.5m。水池的水深还应根据喷头、水下灯具等的安装要求确定，其深度不能超过 0.7m。从工程造价，水体的过滤、更换，设备的维修和安全角度来看，水池不宜太深。浅池的缺点是要注意管线设备的隐蔽，水浅时吸热量大，易生水藻。水泵房多采用地下式或半地下式，常将水泵房设计成景观构筑物，如设计成亭、台、水榭或隐蔽在瀑布山崖下。水泵房应加强通风，还应考虑地面排水，地面应有不小于 5‰ 的坡度，有坡向集水坑。

（3）喷头：是喷泉硬件的重要组成部分，喷头质量的好坏，选择是否合理，将直接影响喷泉水形的艺术效果。喷泉的喷头一般有三种基本类型：直流式、水模式和雾化式。将不同类型的喷头排列与组合,可以构造出千姿百态的喷泉形式,主要有玉柱喷头、水晶球(蒲公英)喷头、旋转喷头、可调三层花喷头、凤尾喷头、扇形喷头、花柱礼花喷头、玉蕊喇叭花喷头、风水车喷头等。喷头材质可选择普通铜质,镀锌,不锈钢。近年来亦使用尼龙制造的喷头,这种喷头使用成本低、轻巧,也具有一定的耐磨性、易加工,但目前还存在易老化、使用寿命短、零件尺寸不易严格控制等问题,因此主要用于低压喷头。

(十)绿地灌溉工程

园林草坪是为改善环境、增加美感、陶冶性情等而栽植的,因此要求它们最好常年生长皆绿。现代园林草坪灌溉的方法主要有喷灌和微灌技术,如果想使整个面积都得到相同的水量,通常用喷灌,如草坪灌溉。如果想让某一特定区域湿润而周围干燥,可采用微喷灌或滴灌,如灌木灌溉。滴灌有时也用于草坪地下灌溉。园林草坪微喷灌技术以其节水、节能、省工和灌水质量高等优点,越来越被人们所认识。绿地灌溉工程中管道的敷设方式有地埋固定管道和地面移动管道两种。喷灌工程的地埋固定管道一般使用硬质聚氯乙烯管、改性聚丙烯管、钢丝网水泥管、钢筋混凝土管、铸铁管等,这些管材均可满足喷灌工程的技术要求。地面移动管道主要使用带有快速接头的薄壁铝合金管和塑料软管。薄壁铝合金管的生产工艺经历了冷拔、焊接、挤压三个阶段,已达到铝材生产的先进水平。挤压铝合金管较冷拔管的成品率高得多,而机械性能又优于焊接管。移动铝管除管材外,还要配上快速接头,才能成为移动管道。快速接头及其他附件一般是由喷灌机厂生产并成套供应给移动管道式喷灌系统。

二、与管道系统相关的工程量清单设置及工程量计算规则

(一)管道安装

(1)各种管道,均以施工图所示中心长度,以"米"为计量单位,不扣除阀门、管件(包括减压器、疏水器、水表、伸缩器等组成安装)所占的长度。

(2)镀锌薄钢板套管制作,以"个"为计量单位,其安装已包括在管道安装基价内,不得另行计算。

(3)管道支架制作安装,室内管道公称直径 32mm 以下的安装工程已包括在内,不得另行计算。公称直径 32mm 以上的,可另行计算。

(4)各种伸缩器制作安装,均以"个"为计量单位。方形伸缩器的两臂,按臂长的两倍合并在管道长度内计算。

(5)管道压力试验,按不同的压力和规格不分材质以"米"为计量单位,不扣除阀门、管件所占的长度。调节阀等临时短管制作拆装项目,使用管道系统试压时需要拆除的阀件以临时短管代替连通管道,其工作内容包括完工后短管拆除和原阀件复位等。液压试验和气压试验已包括强度试验和严密性试验工作内容。

(二)阀门安装

(1)一般阀门安装均应根据项目特征(名称、材质、连接形式、焊接方式、型号、规格、

绝热及保护层要求）以"个"为计量单位。按设计图纸数量计算。其工程内容包括：安装，操纵装置安装，绝热，保温盒制作，除锈，刷油，压力试验、解体检查及研磨，调试。法兰阀门安装，如仅为一侧法兰连接时，基价所列法兰、带螺栓及垫圈数量减半，其余不变。

（2）各种法兰连接用垫片，均按石棉橡胶板计算，如用其他材料，不得调整。

（3）法兰阀（带短管甲乙）安装，均以"套"为计量单位，如接口材料不同时，可作调整。

（4）自动排气阀安装以"个"为计量单位，已包括了支架制作安装，不得另行计算。

（5）浮球阀安装均以"个"为计量单位，已包括了连杆及浮球的安装，不得另行计算。

（6）浮标液面计、水位标尺是按国标编制的，如设计与国标不符，可作调整。

（三）低压器具、水表组成与安装

（1）减压器、疏水器组成安装以"组"为计量单位，如设计组成与基价不同，阀门和压力表数量可按设计用量进行调整，其余不变。

（2）减压器安装按高压侧的直径计算。

（3）法兰水表安装以"组"为计量单位。基价中旁通管及止回阀如设计规定的安装形式不同时，阀门及止回阀可按设计规定进行调整，其余不变。

（四）风机、泵安装

（1）泵安装以"台"为计量单位；以设备重量"t"分列基价项目。在计算设备重量时，直联体的风机、泵，以本体及电机、底座的总重量计算。非直联式的风机和泵，以本体和底座的总重量计算，不包括电动机重量。

（2）深井泵的设备重量以本体、电动机、底座及设备扬水管的总重量计算。

（3）DB 型高硅铁离心泵以"台"为计量单位，按不同设备型号分列基价项目。

（五）刷油、防腐蚀、绝热工程

1. 工程量计算公式

（1）除锈、刷油工程

A. 设备筒体、管道表面积计算公式：

$$S = \pi \times D \times L \quad (\text{m}^2) \tag{5-1}$$

式中　π——圆周率；

　　　D——设备或管道直径，m；

　　　L——设备筒体高或管道延长米。

B. 计算设备筒体、管道表面积时已包括各种管件、阀门、人孔、管口凹凸部分，不再另外计算。

（2）防腐蚀工程

A. 设备筒体、管道表面积计算公式同式（5-1）。

B. 阀门、弯头、法兰表面积计算公式。

① 阀门面积：

$$S = \pi \times D \times 2.5D \times K \times N \quad (\text{m}^2) \tag{5-2}$$

式中　D——直径，m；

K——1.05;

N——阀门个数。

② 弯头面积：

$$S = \pi \times D \times 1.5D \times K \times 2\pi \times N/B \quad (\text{m}^2) \tag{5-3}$$

式中　D——直径，m；

K——1.05；

N——弯头个数；

B 值取定为：90°弯头 $B=4$；45°弯头 $B=8$。

③ 法兰表面积：

$$S = \pi \times D \times 1.5D \times K \times N \quad (\text{m}^2) \tag{5-4}$$

式中　D——直径，m；

K——1.05；

N——法兰个数。

C. 设备和管道法兰翻边防腐蚀工程量计算公式：

$$S = \pi \times (D + A) \times A \quad (\text{m}^2) \tag{5-5}$$

式中　D——直径，m；

A——法兰翻边宽，m。

（3）绝热工程量

A. 设备筒体或管道绝热、防潮和保护层计算公式：

$$V = \pi \times (D + 1.033\delta) \times 1.033\delta \quad (\text{m}^3) \tag{5-6}$$

$$S = \pi \times (D + 2.1\delta + 0.0082) \times L \quad (\text{m}^2) \tag{5-7}$$

式中　D——直径；

1.033、2.1——调整系数；

δ——绝热层厚度，m；

L——设备筒体或管道长，m；

0.0082——捆扎线直径或钢带厚，m。

B. 阀门绝热、防潮和保护层工程量计算公式：

$$V = \pi(D + 1.033\delta) \times 2.5D \times 1.033\delta \times 1.05 \times N \quad (\text{m}^3) \tag{5-8}$$

$$S = \pi(D + 2.1\delta) \times 2.5D \times 1.05 \times N \quad (\text{m}^2) \tag{5-9}$$

C. 法兰绝热、防潮和保护层计算公式：

$$V = \pi(D + 1.033\delta) \times 1.5D \times 1.033\delta \times 1.05 \times N \quad (\text{m}^3) \tag{5-10}$$

$$S = \pi(D + 2.1\delta) \times 1.5D \times 1.05 \times N \quad (\text{m}^2) \tag{5-11}$$

D. 弯头绝热、防潮和保护层计算公式：

$$V = \pi(D + 1.033\delta) \times 1.5D \times 2\pi \times 1.033\delta \times N/B \quad (\text{m}^3) \tag{5-12}$$

$$S = \pi(D + 2.1\delta) \times 1.5D \times 1.05 \times 2\pi \times N/B \quad (\text{m}^2) \tag{5-13}$$

2. 计量单位

（1）刷油工程和防腐工程中设备、管道以"m^2"为计量单位。一般金属结构和管廊钢结构以"kg"为计量单位；H 型钢制结构（包括大于 400mm 以上的型钢）以"10m^3"为计量单位。

（2）绝热工程中绝热层以"m^3"为计量单位，防潮层、保护层以"m^2"为计量单位。

（3）计算设备、管道内壁防腐蚀工程量时，当壁厚大于等于10mm时，按其内径计算；当壁厚小于10mm时，按其外径计算。

（4）按照规范要求，保温厚度大于100mm、保冷厚度大于80mm时应分层安装，工程量应分层计算。

（5）保护层镀锌薄钢板厚度是按0.8mm以下综合考虑的，若采用厚度大于0.8mm时，其人工乘系数1.2；卧式设备保护层安装，其人工乘以系数1.05。

三、实例工程量计算

喷泉工程（图5-10、图5-11）

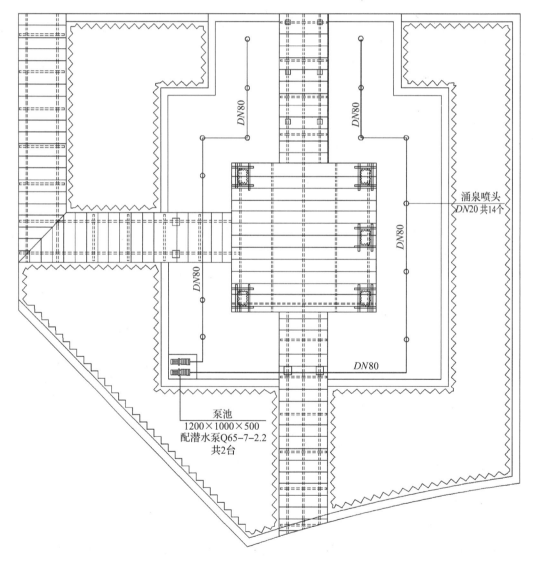

图5-10 某小区木平台喷泉管道平面图

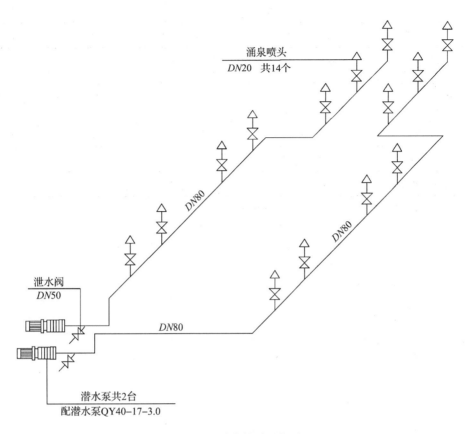

图 5-11　喷泉管道系统图

1. 潜水泵　　QY65-7-2.2　$N=2$ 台
2. 不锈钢管　　$DN80$　$L=81\text{m}$
　　　　　　　$DN50$　$L=1\text{m}$
　　　　　　　$DN20$　$L=14\text{m}$
3. 铜闸阀　　　$DN20$　$N=14$ 个
4. 泄水阀　$DN50$　$N=2$ 个
5. 喷头　　　　　$N=14$ 个
6. 挖土方　$V=12.15\text{m}^3$

工程量清单计价表见表 5-18。

工程量清单计价表　　　　　　　　　　　　　　　表 5-18

序号	项目编号	项　目　名　称	单位	数量	综合单价/元	合价/元
1	030109001	潜水泵 QY40-17-3.0	台	2	1872.45	3745
2	030801009	不锈钢管安装　$DN80$	m	81	191.81	15537
3	030801009	不锈钢管安装　$DN50$	m	1	96.59	97
4	030801009	不锈钢管安装　$DN20$	m	14	44.2	618
5	030803001	铜闸阀　$DN20$	个	14	16.7	234

序号	项目编号	项目名称	单位	数量	综合单价/元	合价/元
6	030803001	泄水阀 DN50	个	2	54.25	109
7	030208401	挖土方	m³	12.15	16.51	201
8	010103001	回填土	m³	12.15	8.33	101
9	030803001	喷头	个	14	92.08	1289
10	合计					21931
11	含税工程造价					22679

注：其他费用计取略。

第六章　园林景观小区工程量清单编制实例

一、某小区绿化工程施工图（图 6-1～图 6-10）

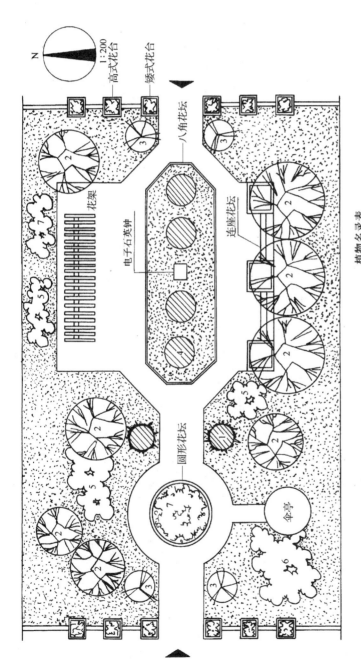

植物名录表

编号	名称	规格	数量
1	桧柏	$h=15m$	2
2	垂柳	$h=3.5\sim\phi5$	7
3	龙爪槐	冠2m	4
4	大叶黄杨	冠2m	4
5	金银木	$h=1.5m$	3/m²
6	珍珠梅	$h=1m$	2～3/m²
7	月季		7～9/m²

图 6-1　平面图

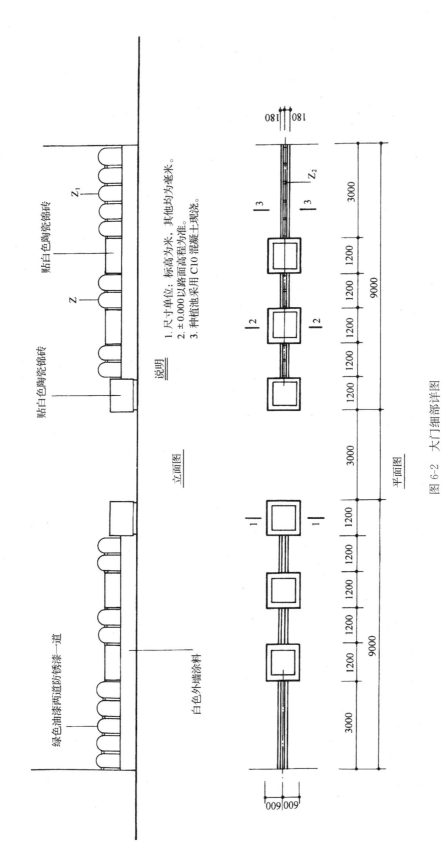

贴白色陶瓷锦砖

Z₁

Z

贴白色陶瓷锦砖

说明

1. 尺寸单位: 标高为米, 其他均为毫米。
2. ±0.000以路面高程为准。
3. 种植池采用C10混凝土现浇。

立面图

绿色油漆两道防锈漆一道

白色外墙涂料

Z₂

180 180

3000

1200 1200 1200

9000

3000

平面图

1200 1200 1200

9000

3000

600 600

图6-2 大门细部详图

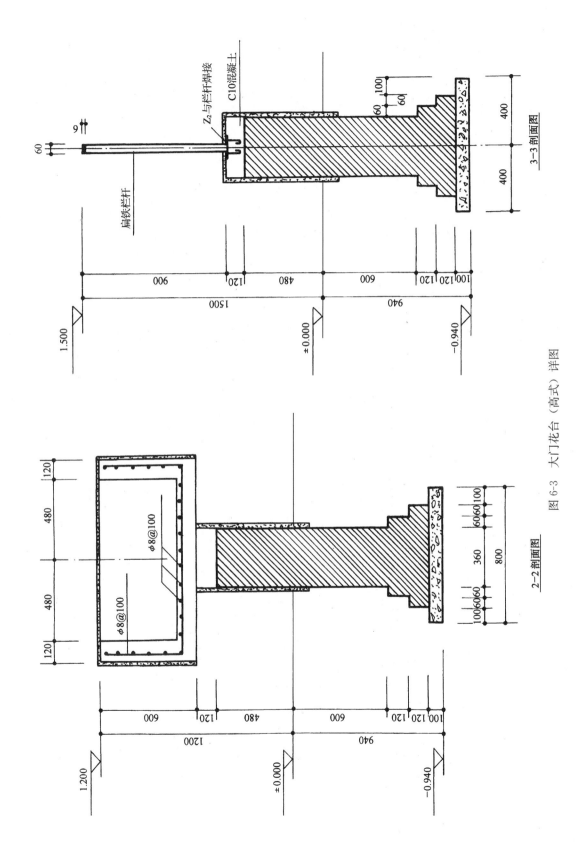

图 6-3 大门花台（高式）详图

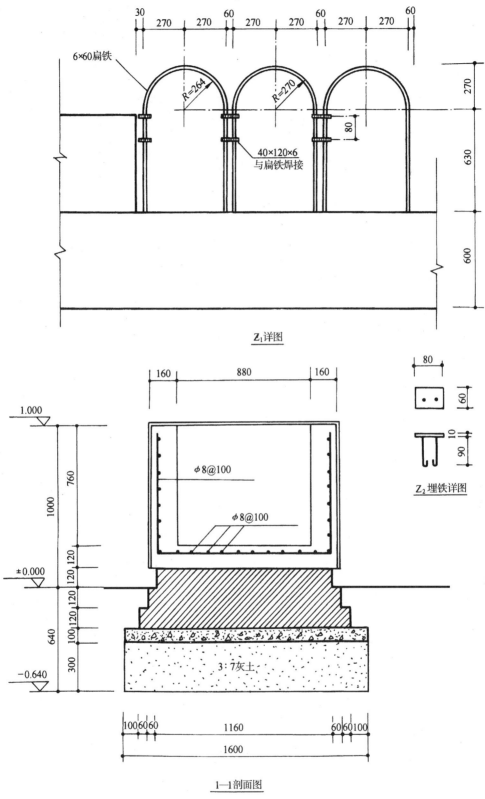

30 270 270 60 270 270 60 270 270 60

6×60扁铁

R=264

R=270

270

80

630

40×120×6
与扁铁焊接

600

Z₁详图

160 880 160

80

60

1.000

10

90

Z₂埋铁详图

760

1000

φ8@100

φ8@100

120 120

±0.000

120 120

640

100

300

3:7灰土

−0.640

100 60 60 1160 60 60 100

1600

1—1剖面图

图6-4 大门花台（矮式）详图

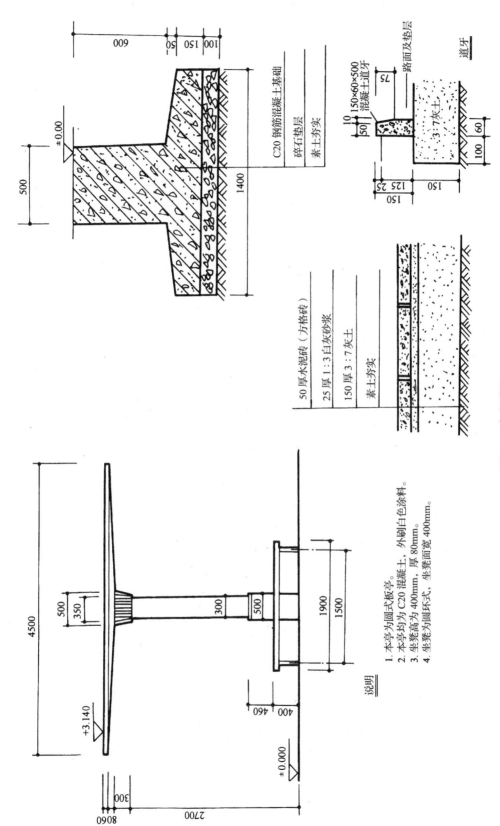

图 6-5 伞亭详图

说明

1. 本亭为圆式板亭。
2. 本亭均为 C20 混凝土，外刷白色涂料。
3. 坐凳高为 400mm，厚 80mm。
4. 坐凳为圆环式，坐凳面宽 400mm。

50 厚水泥砖（方格砖）
25 厚 1 : 3 白灰砂浆
150 厚 3 : 7 灰土
素土夯实

C20 钢筋混凝土基础
碎石垫层
素土夯实

道牙

150×60×500
混凝土道牙
路面及垫层
3 : 7 灰土

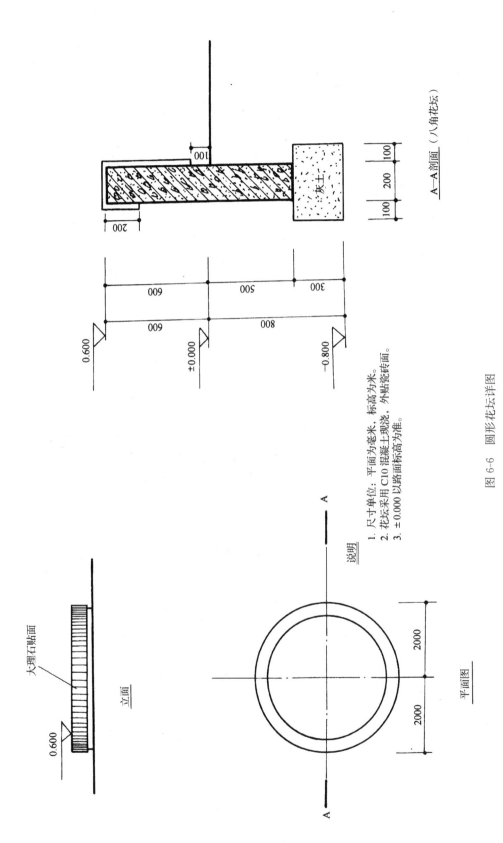

A—A剖面（八角花坛）

立面

平面图

说明

1. 尺寸单位：平面为毫米，标高为米。
2. 花坛采用 C10 混凝土现浇，外贴瓷砖面。
3. ±0.000 以路面标高为准。

图 6-6 圆形花坛详图

大理石贴面

灰土

190

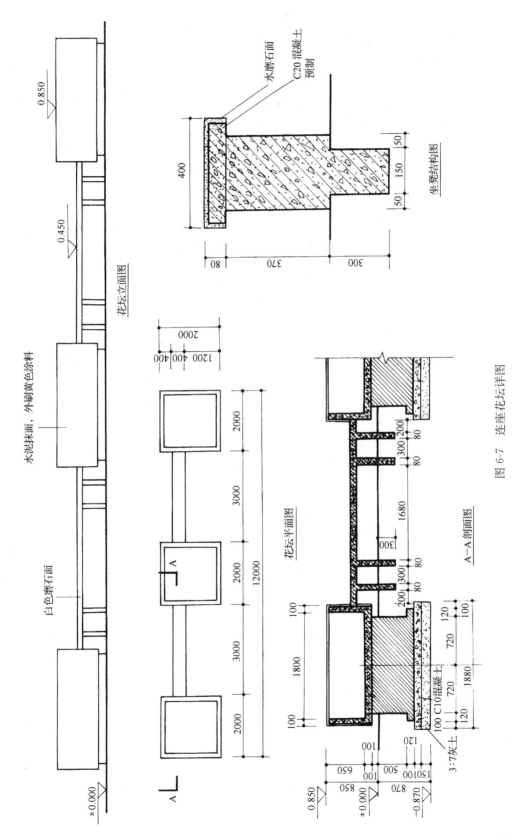

水泥抹面，外刷黄色涂料

白色磨石面

花坛立面图

±0.000

0.850

0.450

水磨石面

C20混凝土预制

400

80 370 300

50
150
50

坐凳结构图

2000

400 400 1200

2000

2000 3000 2000 3000 2000

12000

A

A

花坛平面图

100 1800 100

±0.000

0.850

80
200 300
300
80
200 300
80
300 200
80

1680

100 120 720 720 120

1880

100 C10混凝土

3:7灰土

650 100 500 100 150100

850

870

0.850
±0.000
-0.870

120
100
120

A—A剖面图

图6-7 连座花坛详图

191

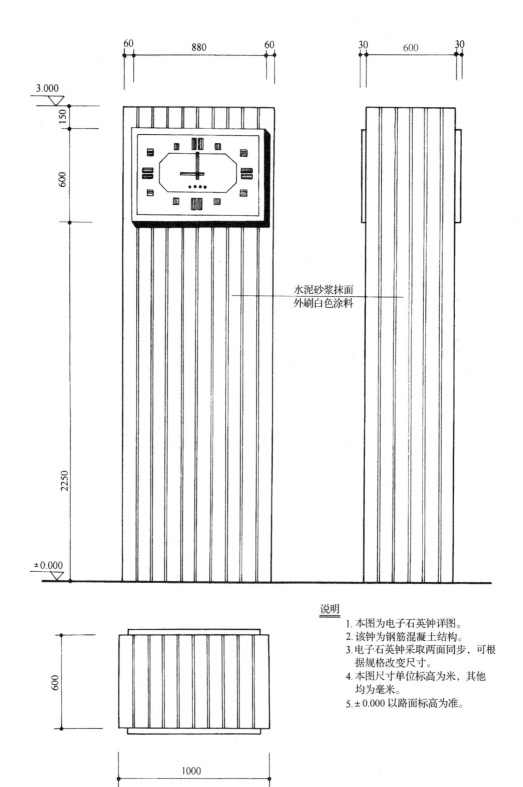

60   880   60   30   600   30

3.000

150

600

2250

±0.000

水泥砂浆抹面
外刷白色涂料

600

1000

电子石英钟

说明
1. 本图为电子石英钟详图。
2. 该钟为钢筋混凝土结构。
3. 电子石英钟采取两面同步,可根据规格改变尺寸。
4. 本图尺寸单位标高为米,其他均为毫米。
5. ±0.000以路面标高为准。

图 6-8　石英钟细部图

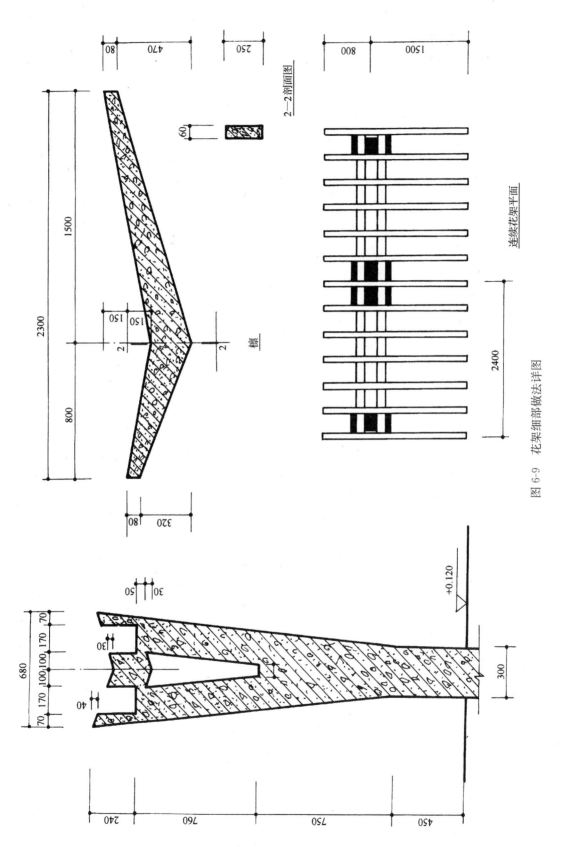

图 6-9 花架细部做法详图

连续花架平面

2—2剖面图

193

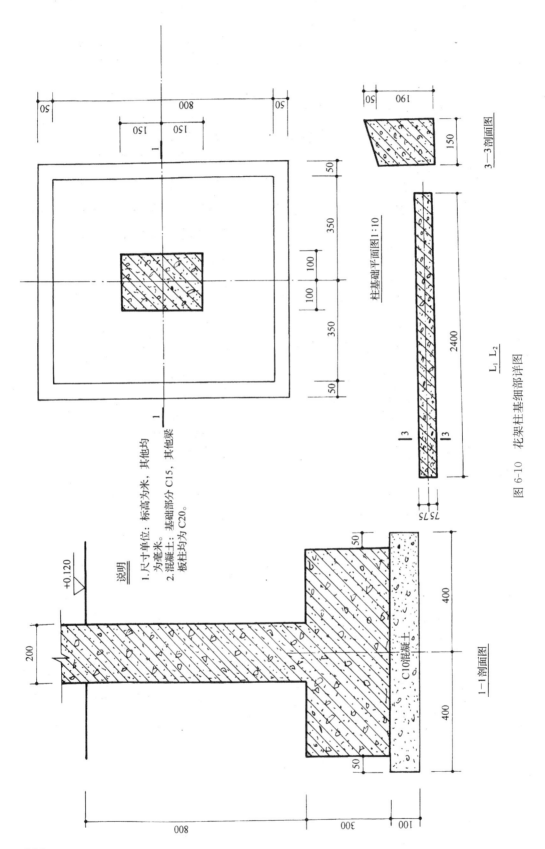

图 6-10 花架柱基细部详图

二、某小区绿化工程工程量计算表（表 6-1）

某小区绿化工程工程量计算表（未考虑开挖工作面）　　表 6-1

序号	项　目	单位	计　算　式	数　量
一	石英钟表			
1	混凝土柱	m³	$3 \times 1 \times 0.6$	1.8
2	水泥砂浆抹面	m²	$3.2 \times 3 + 1 \times 0.6$	10.2
3	刷白色涂料	m²	$3.2 \times 3 + 1 \times 0.6$	10.2
二	圆形花坛			
1	挖地槽	m³	$11.932 \times 0.4 \times 0.8 \times （系数）$	3.82
2	灰土基础垫层	m³	$11.932 \times 0.4 \times 0.3$	1.43
3	混凝土池壁	m³	$11.932 \times 1.1 \times 0.2$	2.63
4	池面贴大理石面	m²	12.56×0.9	11.3
三	伞亭			
1	挖地坑	m³	$3.14 \times (0.7)^2 \times 0.9 \times （系数）$	1.38
2	素土夯实	m³	$3.14 \times (0.7)^2 \times 0.15$	0.23
3	碎石垫层	m³	$3.14 \times (0.7)^2 \times 0.1$	0.154
4	混凝土基础	m³	$3.14 \times (0.7)^2 \times 0.15 + \dfrac{3.14 \times 0.05\left[(0.7)^2 + (0.25)^2 + 0.7 \times 0.25\right]}{3}$	0.269
5	混凝土伞板	m³	$3.14 \times (2.25)^2 \times 0.06 + \dfrac{3.14 \times 0.08\left[(0.25)^2 + (2.25)^2 + 0.25 \times 2.25\right]}{3}$	2.383
6	混凝土柱	m³	$3.14 \times (0.25)^2 \times (0.86 + 0.6) + 3.14 \times (0.15)^2 \times 1.84 + \left[\dfrac{3.14 \times 0.3(0.175)^2 + (0.25)^2 + 0.175 \times 0.25}{3}\right]$	0.46
7	混凝土坐凳板	m³	$2 \times 3.14 \times 0.75 \times 0.4 \times 0.08$	0.15
8	混凝土坐凳腿	m³	$2 \times 3.14 \times 0.75 \times 0.4 \times 0.08$	0.151
9	亭架抹灰	m²		25.38
	柱		$2 \times 3.14 \times 0.25 \times 0.86 + 2 \times 3.14 \times 0.15 \times 1.84 + 3.14 \times 0.3 \times (0.25 + 0.175)$	3.48
	顶板		$3.14 \times (2.25)^2 + 2 \times 3.14 \times 2.25 \times 0.06 + 3.14 \times 0.08 \times (2.25 + 0.25)$	17.376
	坐凳		$2 \times 3.14 \times 0.75 \times (0.4 \times 0.08 \times 2) + 2 \times 3.14 \times 0.75 \times 0.4$	4.52
10	喷刷涂料	m²		25.38

序号	项 目	单位	计 算 式	数 量
四	矮式花台			
1	挖土方	m³	1.6×1.6×0.64×4(系数)	6.55
2	3:7灰土基础	m³	1.6×1.6×0.3×4	3.072
3	混凝土基础	m³	1.6×1.6×0.1×4	1.024
4	砌花台	m³	1.4×1.4×0.115×4+1.28×1.28×0.115×4+1.16×1.16×0.115×4	2.274
5	混凝土花池	m³	[1.2×1.2×0.12+(1.2+0.88)×2×0.16×0.76]×4	2.715
6	池面贴马赛克	m²	(1.2+0.88)×0.16+1.2×4×0.88	4.557
五	高式花台及围墙			
1	人工挖槽	m³	7.8×4×0.8×0.94×(系数)	23.46
2	混凝土垫层	m³	15.6×0.8×0.1×2	2.5
3	砌花墙	m³	(15.6×0.6×0.115+15.6×0.49×0.115+15.6×0.365×1.08)×2	16.38
4	贴马赛克	m²	[15.6×(0.6×2+0.1×2+0.36)]×2-1.2×0.36×8	78.64
	花墙		[15.6×(0.6×2+0.1×2+0.36)]×2-1.2×0.36×8	51.46
	花台		[1.2×4×0.6+(1.2+0.96)×0.12×2]×8	27.18
5	混凝土花台加台下梁	m³	15.6×2×0.36×0.12+[1.2×1.2×0.12+(1.12+0.96)×2×0.48×0.12]×8	4.65
6	铁花饰 (-60×6⇒2.83 kg/m)	kg	[(2×3.14×0.27/2+0.63×2)×36+0.04×0.12×88]×2.83	216.16
六	连座花坛			
1	挖土方	m³	1.88×1.88×0.87×3×(系数)	9.22
2	3:7灰土垫层	m³	1.88×1.88×0.15×3	1.59
3	C10混凝土垫层	m³	1.88×1.88×0.1×3	1.06
4	砌花台基础	m³	(1.78×1.78×0.115+1.44×1.44×0.6)×3	4.872
5	混凝土花池	m³	[2×2×0.1+(2+1.8)×2×0.1×0.65]×3	2.682
6	抹涂料	m²		13.01
7	坐凳挖槽	m³	0.15×0.3×0.08×8(系数)	0.03
8	混凝土坐凳	m³	(0.15×0.3×0.08+0.37×0.25×0.08)×8+0.4×0.08×6	0.283
9	抹水磨石面	m²	(0.4+0.16)×6	3.36

序号	项 目	单位	计 算 式	数 量
七	园路			
1	素土夯实	m³	176.54(m²)×0.15	26.48
2	3:7灰垫层	m³	176.54×0.15	26.48
3	1:3白灰砂浆	m²	176.54	176.54
4	水泥方格砖	m²	176.54	176.54
5	挖土方	m³	176.54×0.375×(系数)	66.2
6	路牙素土夯实	m³	91.2×0.16×0.15	2.19
7	路牙3:7灰土	m³	91.2×0.16×0.15	2.19
8	路牙混凝土侧石	m³	91.2×0.15×0.06	0.82
9	路牙侧石安装	m	91.2	91.2
八	花架(三组合式)			
1	挖地坑	m³	0.8×0.9×1.2×(系数)×6	5.184
2	C10混凝土垫层	m³	0.8×0.9×0.1×6	0.432
3	混凝土柱基	m³	(0.7×0.8×0.3+0.2×0.3×0.8)×6	1.296
4	混凝土柱基	m³	$\frac{(0.3+0.68)\times2.2}{2}\times0.2\times6$ $-\frac{(0.2+0.1)\times0.76}{2}\times0.2\times6$	1.157
5	混凝土梁	m³	2.4×3×0.15×0.24×2	0.518
6	混凝土檩架	m³	$\left[(0.89+1.52)(斜长)\times0.06\times\frac{0.32+0.08}{2}\right]\times20$	0.58
7	水泥砂浆抹面(梁、柱、檩条)	m²	$[(0.89+1.52)\times(0.32\times2+0.06\times2)]\times26+(0.68+0.3)$ ×2×2.2×6+2.4×3×(0.15+0.24)×2×2	84.72
8	檩架喷涂料	m²	(0.68+0.3)×2×2.2×6+2.4×3×(0.15+0.24)×2×2	84.72
九	八角形花坛(做法同圆形花坛)			
1	挖地槽	m³	33.2×0.8×0.4×系数	10.62
2	灰土基础垫层	m³	33.2×0.3×0.4	3.98
3	混凝土池壁	m³	33.2×1.1×0.2	7.3
4	池面贴大理石	m²	33.2×0.9	29.88
十	植物			
1	桧柏	棵		2
2	垂柳	棵		7
3	龙爪槐	棵		4
4	大叶黄杨	棵		4
5	金银木	棵		90
6	珍珠梅	棵		60
7	月季	棵		120

三、某小区绿化工程工程量计价表（表6-2）

某小区绿化工程工程量计价表   表 6-2

序号	基价编号	项目名称	单位	数量	综合单价/元	合价/元
一		石英钟表				
1	050303001	混凝土柱	m³	1.80	850.00	1530
2	053602001	水泥砂浆抹柱面	m²	10.20	14.87	152
3	053704001	柱面刷白色涂料	m²	10.20	14.80	151
		小计				1833
二		圆形花坛				
1	053101002	人工挖地槽	m³	3.82	15.22	58
2	E.35.A	3：7灰土垫层	m³	1.43	112.99	162
3	053306001	混凝土池	m³	2.63	860.00	2262
4	053606001	池面贴大理石面	m²	11.3	275.00	3108
		小计				5590
三		伞亭				
1	053101002	人工挖土坑	m³	1.38	16.52	23
2	E.35.A	素土夯实	m³	0.23	65.00	15
3	E.35.A	碎石垫层	m³	0.15	110.07	17
4	053301002	混凝土基础	m³	0.27	550.00	148
5	053305003	混凝土伞板	m³	2.38	1260.00	2999
6	050303001	混凝土柱	m³	0.46	1080.00	497
7	050304004	混凝土坐凳板	m³	0.15	890.00	134
8	050304004	混凝土坐凳腿	m³	0.15	890.00	134
9	053603001	亭架抹水泥砂浆面	m²	25.38	22.72	577
10	053704001	亭架刷涂料	m²	25.38	14.80	376
		小计				4920
四		矮式花台				
1	053101002	人工挖土方	m³	6.55	11.34	74
2	E.35.A	3：7灰土垫层	m³	3.07	112.99	347
3	053301002	混凝土基础	m³	1.02	410.00	420
4	053202004	砌花台	m³	2.27	265.93	604
5	053306001	混凝土花池	m³	2.72	860.00	2339
6	053607003	池面贴马赛克	m²	4.56	83.96	383
		小计				4167
五		高式花台				
1	053101002	人工挖地槽	m³	23.46	15.22	357

序号	基价编号	项 目 名 称	单位	数量	综合单价/元	合价/元
2	053301002	混凝土垫层	m³	2.5	550.00	1375
3	053202002	砌花墙	m³	16.38	225.90	3700
4	053607003	墙面贴马赛克	m²	78.64	60.87	4787
5	053306001	混凝土花台与台下梁	m³	4.65	860.00	3999
6	053505001	花饰栏杆	t	0.22	3185.98	701
		小计				14919
六		连座花坛				
1	053101002	人工挖土方	m³	9.22	11.34	105
2	E.35.A	3:7灰土垫层	m³	1.59	112.99	180
3	E.35.A	混凝土垫层	m³	1.06	230.00	244
4	053202001	砌花台基础	m³	4.87	225.90	1101
5	053306001	混凝土花池	m³	2.68	860.00	2305
6	053603001	水泥砂浆抹池面	m²	13.01	19.55	254
7	053704001	池面喷涂料	m²	13.01	14.80	193
8	053101002	坐凳挖槽	m³	0.03	15.22	0.46
9	053306001	混凝土坐凳	m³	0.28	890.00	249
10	053603002	坐凳水磨石面	m²	3.36	83.64	281
		小计				4912
七		园路				
1	E.2.A	整理路床	m²	176.54	1.50	265
2	E.35.A	3:7灰土垫层	m³	26.48	112.99	2992
3	E.2.A	砂垫层	m³	35.31	113.08	3993
4	050201001	水泥方格砖	m²	176.54	29.39	5189
5	050201002	侧石	m	91.20	24.68	2251
		小计				14690
八		花架（三组合式）				
1	053101002	人工挖地坑	m³	0.75	16.52	12
2	E.35.A	混凝土垫层	m³	0.43	230.00	99
3	050303001	混凝土柱	m³	2.45	1080.00	2646
4	050303001	混凝土梁	m³	0.52	920.00	478
5	050303001	混凝土檩条	m³	0.58	1120.00	650
6	053603001	水泥砂浆抹面	m²	84.72	22.72	1925
7	053704001	檩架刷涂料	m²	84.72	14.80	1254
		小计				7064
九		八角花坛（做法同圆形花坛）				
1	053101002	人工挖地槽	m³	10.62	15.22	162

序号	基价编号	项　目　名　称	单位	数量	综合单价/元	合价/元
2	E.35.A	3：7灰土垫层	m³	3.98	112.99	450
3	050306302	混凝土池	m³	7.30	860.00	6278
4	053607001	池面贴大理石	m²	29.88	275.00	8217
		小计				15107
十		绿化				
1		桧柏（常绿 H=3～3.5m）	株	2	450.00	900
2		垂柳（落叶乔木 φ=6～7）	株	7	85.00	595
3		龙爪槐（观赏乔木 φ=6～7）	株	4	180.00	720
4		大叶黄杨球（冠0.8～1m）	株	4	110.00	440
5		金银木（冠0.8～1m）	株	90	40.00	3600
6		珍珠梅（冠0.8～1m）	株	60	42.00	2520
7		月季	株	120	4.00	480
8		高羊茅	m²	466.00	9.00	4194
9	050102001	栽植常绿树	株	2	37.69	75
10	050102001	栽植常绿树	株	4	6.94	28
11	050102001	栽植落叶乔木	株	11	7.28	80
12	050102004	栽植花灌木	株	150	2.70	405
13	050102302	栽植花卉	m²	15.00	5.07	76
14	050102010	栽植草皮	m²	466.00	8.44	3933
15	E.1.H	常绿树养管	株	2	34.39	69
16	E.1.H	常绿树养管	株	4	6.41	26
17	E.1.H	落叶乔木养管	株	11	25.71	283
18	E.1.H	花灌木养管	株	150	6.67	1001
19	E.1.H	花卉养管	m²	15.00	8.41	126
20	E.1.H	草皮养管	m²	466.00	8.71	4059
21	E.1.G	常绿树防寒	株	6	49.41	296
22	E.1.G	落叶乔木防寒	株	11	3.59	39
23	E.1.G	灌木防寒	株	150	1.68	252
24	E.1.G	花卉防寒	m²	15.00	4.67	70
25	E.1.B	人工挖树坑	m³	6.03	14.43	87
26	E.1.B	人工挖花卉、草皮、土方	m³	184.94	9.35	1729
27	E.1.E	树坑换种植土	m³	6.03	62.22	375
28	E.1.E	花卉、草皮换种植土	m³	184.94	50.42	9325
		小计				35783
		总计				108985